ESPAGNE & PORTUGAL

EXCURSION

DANS LA

Péninsule Ibérique

PAR

Eugène GALLOIS

DESSINS DE L'AUTEUR

Société d'Éditions scientifiques et littéraires
4, RUE ANTOINE-DUBOIS
Et Place de l'École-de-Médecine
PARIS

DU MÊME AUTEUR :

PROMENADE EN RUSSIE.

UNE TRAVERSÉE (Impressions d'un passager).

UNE VISITE A L'ILE DE JAVA.

RUINES ET ANTIQUITÉS RELIGIEUSES JAVANAISES.

LES VOLCANS DE JAVA (étude technique).

EXCURSION A LA CAPITALE DE TAMERLAN (Samarcande).

AU PAYS DES PAGODES ET DES MONASTÈRES : *en Birmanie*.
(Delagrave, libraire).

A TRAVERS LES INDES.
(Société d'éditions).

Se trouvent dans les Agences françaises de Voyage.

—

EXCURSION

DANS LA

Péninsule Ibérique

ESPAGNE & PORTUGAL

EXCURSION

DANS LA

Péninsule Ibérique

PAR

Eugène GALLOIS

DESSINS DE L'AUTEUR

Société d'Éditions scientifiques et littéraires

4, RUE ANTOINE-DUBOIS

Et Place de l'École-de-Médecine

PARIS

EXCURSION

DANS LA

Péninsule Ibérique

ESPAGNE ET PORTUGAL

« *Utile... dulcî.* »

Telle doit être la devise du voyageur, joindre l'utile à l'agréable. Il doit, en effet, chercher à s'instruire en voyageant, et nous dirons plus, il le fait fatalement et presque malgré lui. Les voyages, a-t-on dit, forment la jeunesse et on se plaît à reconnaître aujourd'hui qu'ils sont comme le complément d'une bonne éducation. Nous ajouterons qu'ils sont un peu entrés dans nos mœurs, et, s'ils sont utiles aux jeunes, ils complètent souvent les hommes mûrs. Depuis ces dernières années surtout le goût du voyage s'est bien développé en France, c'est là un fait que personne ne saurait nier, et il faut bien en augurer. Nous ne rechercherons pas les motifs de ce besoin de déplacement, provoqué le plus généralement par le désir de se distraire et de voir du nouveau, nous nous bornerons seulement à le constater, et avec plaisir, car nous sommes convaincus que la chose est bonne et portera ses fruits, c'est un grand pas en avant fait dans la voie de l'Expansion française au dehors... Seulement, c'est là entamer une question de haut intérêt déjà souvent traitée et sur laquelle on ne saurait tarir, mais qui nous entraînerait peut-être un peu loin.

Rappelons-nous le mot du bon La Fontaine et cherchons à le mettre en pratique :

Quiconque a beaucoup vu doit avoir beaucoup retenu.

Enfin ajoutons qu'en quête de nouveauté, d'originalité, de « couleur locale », on va parfois bien loin, alors qu'à notre porte on trouve des pays du plus haut intérêt. C'est ainsi que nous appellerons l'attention de nos aimables lectrices et lecteurs sur une région digne à tous égards d'attirer les voyageurs par son cachet particulier, sa physionomie, ses souvenirs du passé et les mœurs de ses habitants... nous avons nommé la péninsule ibérique.

C'est encore la mémoire toute fraîche de souvenirs d'un récent voyage que nous avons résolu de communiquer nos impressions au public amateur. Notre intention n'est certes pas de faire un Guide, ni d'écrire un ouvrage de haute érudition (nous ne nous en reconnaissons pas la compétence), mais de donner au lecteur une idée sommaire de l'Espagne et du Portugal, en narrant un voyage de touriste dans ces contrées dont nous rappellerons les divers aspects et les monuments, en mélangeant des traits de mœurs aux descriptions. Pour ce faire, nous puiserons à diverses sources et surtout dans notre carnet de route, en joignant, fidèle autant que possible à la devise, l'utile à l'agréable.

***

Tout d'abord, rassurons le voyageur sur le soi-disant manque de confort et sur la malpropreté proverbiale de ces pays. Ce sont presque des calomnies; de plus le progrès se fait sentir là comme ailleurs, et l'électricité est peut-être plus répandue là-bas que chez nous-mêmes. C'est ainsi que les hôtels généralement bien tenus et souvent plus proprement que nombre d'hôtels de province, réalisent un confort suffisant; enfin la cuisine n'est d'ordinaire pas si mauvaise qu'on se plait à le dire. Au résumé, le voyage est facile et nullement fatigant, surtout au printemps ou à l'automne, car le soleil est alors fort supportable.

Pour procéder par ordre, nous adopterons l'itinéraire généralement suivi par les Agences de voyage qui nous a paru être le plus pratique et le plus logique; c'est-à-dire que nous descendrons le long de la côte de la Méditerranée pour traverser l'Andalousie, faire une pointe sur le Maroc et remonter vers le centre, d'où nous gagnerons le Portugal et reviendrons par les provinces du nord de l'Espagne.

Mais, auparavant, qu'il nous soit permis de faire quelques remarques sur le pays que nous allons parcourir et d'entrer dans quelques considérations générales, pour l'instruction de ceux auxquels il n'a pas été donné d'accomplir ce voyage, remémorant leurs souvenirs aux personnes qui ont suivi la même route que nous.

***

L'Espagne, comme chacun sait, est composée d'éléments très divers comme habitants qui contrastent avec sa position exceptionnelle entre deux mers et son isolement relatif de l'Europe, grâce à la haute barrière des Pyrénées, quoiqu'en ait dit Louis XIV lui-même. Cela tient à l'extrême variété de son système orographique et de sa position climatologique. L'Espagne est en effet soumise à des températures très différentes, c'est ainsi que si le long des côtes s'étendent des plaines fertiles où l'on cultive l'oranger, le riz, l'olivier et les légumes les plus variés, grâce à la douceur exceptionnelle du climat, comme en Andalousie, rappelant par son sol et son ciel l'Afrique voisine, plus haut, pénétrant dans l'intérieur de la péninsule, s'élèvent des coteaux, déjà moins peuplés, mais encore cultivés, région des arbres fruitiers, surtout dans le nord, et de la vigne dont la culture est si vaste, comme personne ne l'ignore. Enfin, dominant ces contreforts se dressent des plateaux superposés atteignant 600, 800 et même 1.000 mètres d'altitude. La monotonie de leur surface est rompue par les « sierras », d'aspect généralement peu pittoresque et couronnées de neige pendant de longs mois. C'est dans le sud que se trouve, détachée, la plus haute de ces chaînes de montagnes, la Sierra Nevada, dont nous reparlerons quand nous aurons atteint Grenade. Quant aux plateaux qui évoquent le souvenir de certaines régions élevées de notre Algérie, ils présentent, le plus généralement, de grandes plaines désertes et nues, couvertes par endroits de palmiers nains, dans le sud, ou de genêts, de bruyère, de sparte, plus ou moins sillonnées de cours d'eaux rappelant les oueds algériens, d'ordinaire au lit de cailloux desséché, mais se transformant subitement en torrents impétueux à la suite de pluies et d'orages. Ces régions désolées, où pas un village, pas une maison n'apparaît, où souvent rien ne révèle la présence de l'homme ni même d'une créature animée, ont un aspect désertique bien tristement étrange. C'est ainsi que l'on fait des heures de chemin de fer ne rencontrant des gares modestes que de loin en loin et encore pour desservir... on ne sait quoi! A ce propos, la lenteur des chemins de fer, dont les trains sont peu fréquents, est proverbiale, mais il faut dire, à leur décharge, qu'ils ont de mauvaises voies, un matériel plus que médiocre souvent, et que les trains sont mixtes, c'est-à-dire voyageurs et marchandises tout à la fois, ce qui les oblige à faire de longs arrêts dans les gares pour les manœuvres, sans compter que les lignes ferrées sont à voie unique. On s'est plaint, et à juste raison, du manque de confort des wagons, du mauvais état du matériel, et surtout de la malpropreté; mais enfin on arrive d'ordinaire et même assez souvent à l'heure. Il nous souvient, à ce propos, avoir vu des faits probants, comme des rails fléchissant sous le poids des voitures, des portières ne fermant que difficilement, des locomotives sonnant la ferraille (nous en avons remarqué une qui nous remorquait... portant la date de 1861! on peut dire qu'elle avait droit à la retraite); mais, durant plusieurs semaines que nous avons roulé du nord au sud, de l'est à l'ouest, il ne nous est rien arrivé de fâcheux, et nous n'avons même pas été volé. Il est vrai que nous avons toujours voyagé avec nos bagages ne les perdant pas de vue aux gares. A ce sujet on ne saurait trop prendre de précautions, car nous pourrions citer de nombreux exemples de vols commis même parfois au nez et à la barbe des voyageurs. Mais... revenons à notre sujet.

Si l'Espagne présente souvent un aspect si aride, ce n'est pas uniquement à la nature qu'il faut en imputer la faute. L'histoire nous rapporte en effet que là furent autrefois des greniers d'abondance et les traces laissées par les Romains et les Maures le prouvent encore. La décadence de l'agriculture dans des provinces, jadis populeuses et cultivées, date de l'expulsion des propriétaires musulmans de ce sol abandonné et elle s'est poursuivie en s'aggravant. Le mouvement d'émigration qui suivit la découverte de l'Amérique, la constitution des grands fiefs, les propriétés considérables des couvents, l'esprit de routine, la paresse et l'indolence du peuple, ont achevé l'œuvre de mort commencée il y a quelques siècles et amené le pays à l'état navrant où il se trouve aujourd'hui. Le déboisement a de plus causé un mal énorme, difficilement réparable aujourd'hui; de plus, il faut ajouter à la négligence du paysan son peu de besoins qui le rend parfois stoïque et bien indifférent et l'inertie des grands propriétaires terriens. Du reste, l'Espagnol ne rougit pas de sa pauvreté, c'est ainsi que le mendiant, et il est légion en Espagne, se rencontre partout, drapé dans son manteau plus ou moins loqueteux. Il vous tend la main sans honte et vous demande l'aumône fièrement; pour un peu il semblerait vouloir l'exiger! Ils migrent suivant les saisons, pour certains du moins, et il est des « los señores mendigos » qui circulent ainsi à travers l'Espagne, à l'instar de nos chemineaux. Ces errants peuvent même toucher des sortes d'indemnités de route se montant jusqu'à cinquante centimes par jour, ce qui devient alors une véritable profession dans un pays où la main-d'œuvre reste souvent à aussi bas prix. Il est question de la suppression de ces secours, paraît-il, mais ce serait là peut-être ouvrir la porte au déchaînement des mauvais instincts et faire disparaître toute sécurité, malgré la présence des bons gendarmes que l'on rencontre à chaque pas. Nous aurons tout à l'heure l'occasion de reparler de ces protecteurs de la sécurité publique.

Nous avons dit plus haut que le peuple espagnol était composé d'éléments très divers et bien disparates, et en effet, il est certain qu'un Basque ou un Catalan diffère bien plus d'un andalou que d'un de ses frères français. C'est ainsi qu'ils parlent la même langue des deux côtés des Pyrénées. Leurs mœurs diffèrent aussi, cela va sans dire, en rapport avec le climat, et cela s'explique facilement, car si le sud de l'Espagne rappelle l'Algérie, le nord équivaut à nos départements situés à peu près à la même latitude. Quant au plateau central, à ces provinces comme la Manche et l'Estramadure, il est soumis à des températures extrêmes qui ne sont pas sans danger, aussi Madrid et autres villes sont-elles des cités peu agréables à habiter une partie de l'année. Et malgré tout l'Espagnol tient à son sol, et ni la diversité géographique, ni la dissemblance des costumes, des langues et des mœurs, ni la persistance de préjugés ridicules parfois, n'ont entravé l'unité politique et morale du pays. C'est ainsi que la cause carliste a fait peu de progrès. Nul peuple de plus, malgré ses revers, n'est resté plus fidèle à ses traditions et il a conservé ses belles qualités comme ses défauts. Sa bravoure est bien connue, malheureusement elle n'a pas toujours été utilisée comme elle pouvait l'être et la mauvaise gestion des affaires semble avoir sonné la marche vers la décadence. Et pourtant, ce qui pourrait sauver l'Espagne ce serait la mise en valeur de ses richesses minières. Malheureusement il y a encore fort à faire de ce côté et les exploitations existantes sont entre des mains étrangères, dirigées par des Anglais, des Allemands, des Belges, des Français; de même pour l'industrie, lettre morte pour le véritable Espagnol, qui a vu des étrangers et les voit chaque jour s'implanter chez lui. Les Allemands, dans ces dernières années, ont fait de grands progrès au point de vue industriel et commercial, et malheureusement un peu à notre détriment.

L'Espagnol est malheureusement indolent, insouciant et un peu joueur (la loterie gouvernementale le prouve assez), mais tout bon sentiment n'est pas éteint chez lui et peut-être se ressaisira-t-il à temps!

***

Ceci dit, ami lecteur, bouclons notre valise et mettons-nous en route. Le temps de prendre notre billet de première ou de deuxième classe (peu importe) et nous voilà partis, roulant vers les bords de la Méditerranée aux flots bleus... Mais n'enfourchons pas Pégase et contentons-nous d'admirer notre beau pays de France. Déjà Dijon, la patrie du pain d'épice et de la moutarde, est dépassé; voici les rives de la Saône qui va bientôt fondre ses eaux dans le Rhône, le fleuve rapide et capricieux, déversoir des neiges et des glaces des admirables Alpes. La triste cité de Lyon ne saurait nous attarder et quelques heures de plus de wagon nous font apercevoir l'azur méditerranéen. Contournant le golfe de Lion sous le ciel bleu, nous dépassons Nîmes, Béziers, Narbonne, avec ses vastes étangs sortes de lagunes, pour atteindre Perpignan, saluer en passant le Canigou, et toucher enfin aux Pyrénées... c'est la frontière : Cerbère. On peut s'y rendre également par d'autres voies, comme la ligne du Bourbonnais ou de l'Orléans, viâ Toulouse, cela va sans dire, mais nous avons choisi sinon la voie la plus courte, du moins la plus rapide.

Le trajet est pittoresque et la ligne ferrée depuis Port-Vendres s'est engagée dans les Pyrénées; nous dépassons Cerbère après quelques échappées sur le littoral accidenté orné de sombres falaises. Cerbère est bien la frontière où est installée la douane française, mais elle n'intéresse que les voyageurs venant d'Espagne; c'est à Port-Bou, où tout le monde descend pour reprendre le train espagnol, les voies étant plus larges en Espagne, qu'il faut subir la formalité, peu rigoureuse du reste, de la visite des douaniers. Là aussi il faut se munir d'argent espagnol, si l'on n'a pris la précaution de le faire avant, ce qui est un peu plus onéreux, cela va sans dire, mais le billet de banque ou l'or français faisant prime on n'y regarde généralement pas de si près. Les wagons sont assez bien, mais plutôt étroits... ne nous plaignons pas, car nous les regretterons peut-être plus tard! Ils ont toujours l'avantage d'être éclairés à la lumière électrique et comportent un petit...comment dire... servons-nous du mot espagnol : *retrete*. On traverse de vertes campagnes où l'on ne découvre encore que peu de vignes, et à chaque arrêt le voyageur est surpris en entendant les employés chanter le nom des stations sur le même ton que nos camelots ou garçons de café crient dans les théâtres : sirops, pastilles de menthe, bonbons, orgeat, limonade, bière!

La voie comporte quelques travaux d'art, tranchées, tunnels, viaducs, jusqu'à la sortie de la montagne. Quelques lieues franchies seulement et on rencontre la première ville d'une certaine importance, Figueras, avec quelques usines françaises et dominée par sa citadelle de San Fernando. Non loin de là est le petit port de Rosas, blotti au fond d'un joli golfe. Ensuite vient Gérone, pittoresquement située au pied de deux hauteurs fortifiées, et dont les curieuses maisons aux vibrantes couleurs se groupent autour de la cathédrale. Le pays paraît assez boisé et cultivé; la voie se bifurque en deux, passant entre deux petites sierras ou longeant le bord de la mer, et le train ne tardera pas à atteindre la grande cité moderne de Barcelone. A la sortie du wagon, nouvelle visite des colis, celle de l'octroi, cette fois, et il en sera assez souvent ainsi; il faut ajouter qu'il nous est arrivé plus d'une fois de ne pas même ouvrir notre valise. Douze cents kilomètres nous séparent déjà de Paris et nous nous retrouvons en pleine ville

« fin de siècle ». A la gare ce sont des voitures de place et des omnibus d'hôtels, un « moço », facteur ou porteur, s'est emparé de nos menus bagages pour nous conduire à un véhicule et le pourboire est d'usage ici comme ailleurs, cela va sans dire; il peut changer de nom suivant le pays, mais c'est toujours la même chose, nous en appelons à tous les touristes. Les tramways électriques ou à mules semblent très fréquentés et les Compagnies, étrangères, font, paraît-il, de bonnes recettes. Nous retrouverons, du reste, au cours du voyage, un certain nombre de villes espagnoles ou portugaises présentant les mêmes signes extérieurs du progrès.

BARCELONE

Avant de nous jeter à travers la ville, rappelons en deux mots ce qu'elle fut et ce qu'elle est.

Sans refaire son histoire, pour laquelle nous renverrons le lecteur au Dictionnaire Bouillet, aux Guides (Joanne ou autres), ou à des encyclopédies ou ouvrages géographiques, il nous sera bien permis de rappeler que, comme sa grande sœur Marseille, elle serait d'origine phocéenne. Devenue romaine, puis maure, elle eut à subir des vicissitudes diverses. A plusieurs reprises elle s'insurgea contre le pouvoir central, puis, au commencement du siècle, fut française pendant quelques années. Enfin, l'ancienne capitale de la Catalogne est aujourd'hui un chef-lieu de province et surtout le premier port d'Espagne et un des plus importants de la Méditerranée. Malheureusement elle est aussi devenue un foyer d'anarchisme. Néanmoins, elle voit sa prospérité s'accroître chaque jour et le nombre de ses habitants augmenter, au point qu'elle peut passer pour la première ville d'Espagne, non seulement par son commerce et son industrie, qui se développe chaque jour, mais aussi par sa population, car on l'estime avec les faubourgs à environ six cent mille âmes.

Au point de vue topographique, Barcelone est située dans une vaste pleine bordée de collines, dont le point culminant au nord-est, le sommet du Tibidabo, haut de plus de cinq cents mètres, offre une vue superbe sur la ville et la mer à l'horizon. Taillée largement, la ville neuve s'étend sans entraves, poussant ses voies nouvelles, tirées au cordeau, jusque dans la campagne, tandis que la vieille cité, étouffant dans son enceinte fortifiée, en grande partie disparue, rappelle les souvenirs du passé. Cette dernière, avec ses ruelles étroites et tortueuses, où surgit quelque monument artistique ou historique, a encore conservé sa physionomie originale, cette saveur si pittoresque que goûtent avec raison l'artiste et le touriste. Le contraste sera intéressant pour l'étranger entre les larges avenues du damier de la nouvelle ville, plantées pour parties du moins, éclairées avec un certain luxe et bordées de hautes maisons modernes, aux façades parfois assez cherchées et même prétentieuses, et le dédale sombre des rues anciennes, plus ou moins mal pavées, d'une propreté douteuse et d'un éclairage laissant à désirer.

Quand nous nous serons installés à l'hôtel, la curiosité nous poussera tout naturellement à faire un tour en ville, et notre première visite sera pour la célèbre Rambla qui est à peu près à Barcelone ce que sont les grands boulevards à Paris, c'est-à-dire le lieu de rende vous des promeneurs, des flâneurs et des élégants. Elle se prête du reste fort bien à la chose, avec sa large allée centrale ombragée de platanes et flanquée de deux chaussées sur lesquelles s'alignent les magasins les mieux achalandés de la ville. L'animation est grande; surtout le matin, quand les marchandes de fleurs, coquettement installées sur des comptoirs en plein vent, sollicitent l'acheteur, l'élégant muscadin, ou les « señoras », ou le soir à la fin du jour et même quand la nuit est close et que la Rambla brille par ses feux bleus électriques. Des agents de police veillent à l'ordre et à la sécurité publique, le revolver à la ceinture. Bien que l'on se trouve en pleine foule cosmopolite, néanmoins l'attention de l'étranger est déjà éveillée par quelques mantilles et « sombreros », chapeaux à bords plats, portés par les citadins, mais qui malheureusement tendent à disparaître. Des hommes à bonnet rouge et portant des paquets de cordes sont les commissionnaires, les « moço de cuarda », attendant le client. Les Espagnols, comme l'on sait, se séparent difficilement de leur manteau la « capa », vaste pèlerine doublée élégamment de velours de couleur, dans laquelle ils se drapent cavalièrement. Les gens du peuple et les paysans la remplacent par des châles ou couvertures aux teintes variées et aux rayures fantaisistes. Quand on a parcouru l'Espagne, on s'explique facilement cet usage par les brusques changements de température, surtout sur les plateaux du centre. Des mendiants, une des plaies du pays pour le touriste, on s'en souvient, circulent ou restent accroupis dans un coin, harcelant le passant; certains exhibent des infirmités repoussantes... Mais glissons sur cette image de la misère humaine.

Des sons plus ou moins discordants frappent notre oreille... C'est quelqu'orchestre d'aveugles exécutant un morceau d'opéra ou jouant une romance en vogue. Tandis que les flâneurs, parmi lesquels se trouve peut-être quelque voleur ou repris de justice français ayant passé la frontière, se promènent de long en large ou se pressent aux devantures des magasins, parmi lesquels il y a des expositions permanentes de peinture à tous prix, des tramways se croisent sur les chaussées avec des voitures de forme curieuse, à la caisse arrondie, la « tartana », rappelant certains véhicules hindous. Les cochers portent ici la casquette, et les chevaux sont attelés avec des harnais ornés de cuivres. Si on lève la tête on voit, comme dans les cités américaines et malheureusement plus d'une cité européenne aujourd'hui, se croiser en tous sens les réseaux télégraphiques et téléphoniques. Rien ne manque, cela va sans dire, à une ville moderne comme Barcelone, théâtres, cafés, certains fort vastes, cafés-concerts, et tous autres genres de distractions et jusqu'au cinématographe Lumière qui attire l'attention du public par les sons criards d'un puissant orgue mécanique, tout comme un cirque forain. Il va sans dire qu'au milieu de ce monde l'étranger fera bien de veiller sur sa montre et son portefeuille; c'est là une sage précaution, et nous avons connu plus d'une personne victime de vol, surtout à Séville au moment des fêtes. Nous ne nous arrêterons pas plus longtemps aux devantures des pâtissiers, des glaciers, très fréquentés, car les Espagnols recherchent assez les friandises, ni des débitants de tabac, qui éveillent la passion du fumeur par des exhibitions de cigares enveloppés de papier d'or ou d'argent avec la mention Philippines ou Cuba, et encore moins aux magasins des marchands de cercueils, où l'on peut faire son choix, car il y en a à tout prix, en bois simple ou ornementé de cuivres ou bronzes dorés; on peut, suivant ses ressources, en choisir un tout fait, à sa taille, ou le commander sur mesure; il nous souvient même en avoir vu des lots à solder dans des conditions avantageuses... c'était là, paraît-il, une véritable occasion... Mais passons! Laissons les Espagnols savourer leur chocolat, dont ils sont si friands, au point, raconte-t-on, qu'un Français ayant installé une échoppe où l'on débitait du produit manufacturé du fruit du cacaoyer, à deux sous la tasse avec un petit gâteau, serait devenu millionnaire en quelques années; et jetons-nous à travers Barcelone où quelques monuments sont encore dignes d'intérêt au point de vue historique ou archéologique.

Dirigeons-nous d'abord sur le port, le premier de l'Espagne, composé d'un avant-port et d'un port à proprement parler, divisé lui-même en bassins, où des navires battant pavillon de toutes les nations s'alignent au long des quais qui s'étendent vastes et spacieux et munis de tous les engins mécaniques modernes. Il est dominé au sud par la falaise du Monjuich, couronnée elle-même par un fort et portant à mi-hauteur un café-restaurant, très fréquenté pendant la belle saison, et de la terrasse duquel on jouit d'un beau panorama sur l'ensemble de la ville, tandis qu'au nord s'étendent sur une pointe sablonneuse, un pittoresque quartier de pêcheurs et des établissements balnéaires... C'est Barcelonnette.

A l'extrémité de la Rambla qui aboutit à la belle promenade dite « Paseo de Colon », laquelle s'étend le long du port, se dresse le monument de Christophe Colomb, importante colonne munie d'un ascenseur, du haut de laquelle le grand navigateur semble indiquer la direction de l'Amérique. La statue d'A. Lopez, le fondateur de la Compagnie Transatlantique espagnole, lui fait pendant. Derrière, le bâtiment de la Bourse et la place du Palais avec la Douane ne sont à citer que pour mémoire, comme l'inévitable « Plaza de toros », l'arène, plus ou moins vaste, où se donnent les courses de taureaux et qui existe dans toute ville espagnole.

Cela nous conduit au « Parque », belle promenade créée récemment sur l'emplacement de l'ancienne citadelle disparue. C'est un parc terminé en hémicycle et comportant, comme tout jardin public qui se respecte, une pièce d'eau et une cascade avec un important motif décoratif, évoquant le souvenir de la belle fontaine de Longchamp à Marseille. Un jardin zoologique occupe un des côtés du parc; on y remarque une belle cage de style mauresque où trois ménages de lions rongent leur frein et songent peut-être aux vastes horizons du désert, leur lointaine patrie, à moins qu'ils n'aient été bercés par quelque fille de forain et allaités par une bonne chienne, car nous n'avons pas vu leurs actes de naissance. Dans l'enceinte de verdure se dressent également divers monuments, comme le Palais Royal, d'aspect plutôt sévère, le pavillon de la reine-régente, une ancienne église transformée en Panthéon pour les Catalans illustres, deux bâtiments affectés à des musées dont la description ne saurait trouver place ici, et le palais des Musées à l'aménagement duquel on procède. Tout proche se dresse une statue du fameux maréchal Prim.

A la porte du parc, où il nous souvient avoir vu les promeneurs faire cercle autour d'une modeste voiturette automobile qui procédait à ses essais et semblait avoir tout le succès de curiosité d'une haute nouveauté, se dresse, vestige d'exposition, un palais moderne en fer et briques, sorte de hall ou salle de concert avec orgues, flanqué de salles renfermant un médiocre musée de peinture, qui est affublé du nom pompeux de « Palacio de Bellas Artes ».

Sur la même avenue, un prétentieux Palais de Justice présente sa masse imposante qui contraste avec la sobriété architecturale d'un massif arc de triomphe rouge.

Tout proche du parc également, le grand marché présente à certaines heures une animation pittoresque; mais cela nous ramène à la vieille ville, qui renferme les édifices vraiment intéressants.

Ce sont d'abord, groupés ensemble, la vieille Cathédrale avec le Palais épiscopal, le Musée provincial, la « Casa de la Diputacion », l' « Audiencia » et le « Colegio de Abogados ». Tous ne présentent pas un égal intérêt, cela va sans dire, aussi nous arrêterons-nous plus volontiers à la vieille basilique dédiée à sainte Eulalie, dont l'origine remonterait aux premiers siècles de notre ère et qui fut l'objet des soins des rois d'Aragon et même de grands seigneurs contemporains, puisqu'à l'heure actuelle on poursuit la restauration de la façade et certaines réfections grâce à des largesses privées. Comme toutes les églises espagnoles, on peut dire, l'intérieur est sombre, et cette obscurité est telle qu'on perd les détails et que bien souvent nous étions réduits à la faible lueur d'allumettes-bougies pour entr'apercevoir les chefs-d'œuvre de peinture que renferment nombre d'édifices religieux. De belles proportions, cette cathédrale comporte trois nefs aux chapelles latérales et rappelle sa sœur française d'Auch. Elle présente cette disposition spéciale, que nous retrouverons par la suite, du « coro » ou chapitre, qui coupe la nef mais renferme d'ordinaire des stalles de la plus grande richesse, comme dans le cas présent où chaque siège est surmonté d'une gracieuse coupole, avec des armoiries peintes, le tout en bois sculpté (cela va sans dire). Il y a là une profusion d'ornements, de figurines, de détails, qui témoignent d'un travail artistique et d'une patience inouis; mais nous reviendrons par la suite sur ce sujet. Une crypte s'ouvre sous le maître-autel. Nous aurions peur d'abuser du lecteur en nous étendant trop longuement sur une description un peu trop technique, il lui suffira de savoir que la richesse consiste également dans les motifs de décoration, les tombeaux (celui d'un évêque est en albâtre finement sculpté), les vitraux aux chauds coloris et les retables des autels, datant du XVe au XVIIIe siècle, soit en bois, soit en marbre, soit en cuivre repoussé. La sacristie, comme la plupart des sacristies des grandes cathédrales espagnoles, renferme nombre d'objets destinés au culte et d'ornements religieux d'une grande valeur artistique et archéologique parfois.

Accolé à la basilique est le cloître (disposition qu'on retrouve souvent également). De belle prestance, il est cependant formé d'ogives assez inégales soutenues par des colonnes ornées de chapiteaux chargés de figurines. Des chapelles avec des curieux retables anciens ouvrent dessus. Quant au patio il ne manque pas de cachet, avec sa végétation quelque peu exotique où les palmiers se mêlent aux orangers. Des oies grasses semblaient y avoir élu domicile ou y avoir été incarcérées lors de notre passage; était-ce une réminiscence des oies du Capitole!

Le Musée archéologique provincial, installé dans une ancienne chapelle, offre au visiteur des débris de sculpture, ornementation et figures plus ou moins mutilées, morceaux de frises, de mosaïques, tombeaux, etc... A côté, le Palais des rois d'Aragon est une construction massive, avec une cour à galeries surbaissées d'un beau ton rouge chaud de coloration. A noter l'escalier coiffé d'un curieux plafond en bois sculpté.

La « Casa de la Diputacion » ou hôtel de la Province, et l' « Audiencia » ou Palais de Justice, sont soudés en quelque sorte l'un à l'autre. Le premier, avec un bel escalier moderne partant d'un vaste vestibule auquel donne accès un perron extérieur flanqué de deux lions, n'offre qu'un intérêt secondaire avec ses salles de séances et de commissions ornées de tableaux, parmi lesquels une toile longue, de belles dimensions, de Fortuny, rappelle, en plus petit, la célèbre prise de la smala d'Abd-el-Kader au musée de Versailles. C'est là une composition pleine de mouvement, de vigueur et de coloris, qui dénote bien un maître du pinceau. Cette « Bataille de Tétuan » est malheureusement inachevée. Tout autre est la visite du tribunal, d'élégant style gothique, avec une jolie « cour des Orangers »; elle intéressera davantage le touriste, piloté par quelque huissier à la tenue minable, sous la conduite duquel il traversera une suite de salles à l'aspect plus que modeste avec leurs vieux poêles à cloche en fonte qui exhalent une odeur axphyxiante... pour les juges, comme pour les témoins et les accusés! Une disposition que l'on connait rappelle la solennité du lieu et le Christ est sur la table même des magistrats que couvre un baldaquin rouge. Aux murs parfois sont quelques tapisseries non sans valeur, et la « Cour de Cassation » est toute garnie des portraits des rois d'Aragon, décoration peu récréative. L'abandon où nous a paru ce temple de la Justice rend désirable son transfert le plus promptement possible dans le nouveau Palais que nous avons mentionné plus haut.

De l'autre côté de la grande place de la Constitution, se dresse la « Casa Consistorial » ou « Ayuntamiento », c'est-à-dire l'Hôtel de Ville. Extérieurement c'est un grand édifice assez insignifiant qui renferme quelques salles et salons réservés aux autorités locales. On y accède par un vaste escalier éclairé sur une cour à arcades. MM. les conseillers municipaux (ils sont quarante-huit), ont pour siéger le choix entre deux salles : grande salle d'hiver en hémicycle, ornée d'un portrait en pied de la reine-régente, portrait officiel que l'on retrouve dans toute l'Espagne, et salle d'été, plus fraiche probablement! Il nous souvient que l'on a bien voulu nous laisser pénétrer jusque dans le bureau du maire, lui étant présent; on ne saurait être plus aimable pour des étrangers, presque indiscrets, avouons-le.

Nous pourrions encore citer comme monuments: N. S. A. de Belen, une sombre église avec des grilles dorées et une décoration assez exubérante, ainsi que d'autres édifices, quelques-uns d'une certaine importance comme l'Université avec ses tours carrées, et des théâtres, mais nous retomberions dans une sèche nomenclature que nous nous efforcerons d'éviter autant que possible.

Laissant la grande cité avec ses quartiers neufs où s'alignent des files de maisons, souvent grises, avec des persiennes de couleurs variées, ou décorées de faïences sur des façades parfois mauresques et que coupent les lignes perpendiculaires des miradores modernes, nous ne regretterons pas l'excursion classique du Montserrat.

MONTSERRAT

L'excursion au célèbre couvent n'est plus à vanter et on peut sans crainte la mettre au premier rang des curiosités pittoresques de l'Espagne. Elle est du reste des plus faciles puisqu'un petit chemin de fer, correspondant avec la grande ligne ferrée, vous permet de faire l'ascension sans fatigue. Pour l'atteindre on traverse la banlieue de Barcelone, avec ses usines dont les cheminées vomissent cette épouvantable fumée des grands centres industriels, puis on s'engage dans des montagnes pelées où pousse une maigre végétation d'euca-

lyptus, de chênes-verts, d'aloès, etc... Au fur et à mesure que l'on avance à travers tunnels et tranchées, la montagne grandit, lorsque tout à coup apparaît à gauche le pittoresque groupe rocheux au flanc duquel semble accroché le monastère.

Le Montserrat ou montagne en scie, figure qui définit bien son aspect original, forme un chaînon montagneux dont le point culminant dépasse 1.200 mètres. Il est formé, vers la base, de roches rouges foncées par l'oxyde de fer et présente un assemblage de blocs amoncelés les uns sur les autres, dépouillés souvent de toute aspérité, se superposant inaccessibles pour former à la partie supérieure une sorte de scie édentée, offrant de bizarres silhouettes d'une tonalité grise.

Inutile d'ajouter que la montée est fort pittoresque et présente de jolies échappées sur des précipices parfois d'une imposante profondeur. La petite voie ferrée s'accroche au rocher, passant par endroits sur d'étroites et vertigineuses corniches, franchissant des ravinots ou se glissant dans quelque fente ménagée par la nature. Elle aboutit à une plate-forme située un peu en contre-bas du couvent qui lui-même a trouvé place sur un épaulement de la montagne.

Le monastère, où le public pénètre difficilement, et surtout l'église accessible au public, sont un lieu de pèlerinage très en faveur. L'ancien couvent, dont on voit encore quelques traces intéressantes et une partie de cloître, a été ruiné lors des guerres du commencement du siècle. Celui actuel est une vaste construction avec une église de belles proportions et des dépendances. Derrière le chœur de l'église est une galerie fermée dite le balcon des moines, dominant les jardins établis en terrasses et d'où l'on jouit d'une vue étendue sur les horizons lointains. Le touriste est assuré du vivre et du couvert dans un hôtel très convenable à la porte du monastère, où l'on a recueilli également quelques débris archéologiques.

La montagne offre naturellement un choix de promenades qui, pour la plupart, ont pour but un de ces ermitages, sanctuaires ou chapelles que l'on a créés dans des sites variés. Tout proche du monastère est une modeste chapelle près de laquelle on jouit d'un beau coup d'œil sur la ligne lointaine des blancs sommets pyrénéens. Enfin, on peut grimper de droite et de gauche pour jouir de points de vue variés ou se glisser dans les ravins pour visiter des grottes dont nous n'avons qu'entendu parler.

⁂

A Barcelone, il y aurait aussi une visite curieuse à faire pour le touriste avide d'études de mœurs et de recherches d'habitudes locales; nous voulons parler des cimetières. Comme on ne l'ignore pas, les Champs de Repos en Espagne rappellent les « Campo Santo » d'Italie, c'est-à-dire que les cercueils sont placés dans des cases et qu'il y a un grand déploiement de luxe pour certains tombeaux. La sculpture, de motifs plus ou moins heureux, joue un grand rôle dans la décoration de la dernière demeure. Mais aussi cet usage des cases de famille donne lieu à des faits qu'on se refuserait à croire, s'ils n'avaient été certifiés par des témoins dignes de foi; c'est ainsi, par exemple, qu'on ouvre la sépulture de malheureux dont la décomposition n'est pas achevée pour leur donner un compagnon, ou encore qu'on brise un squelette pour qu'il tienne moins de place et que la même case puisse servir à plusieurs. Nous n'insisterons pas sur de tels procédés si peu en rapport avec le respect que l'on doit aux morts.

Jetons encore un dernier regard sur le port où l'on s'embarque pour gagner les fortunées îles Baléares, dont nous parlerons quelque jour, et apprêtons-nous à suivre la côte méditerranéenne.

Poursuivant la ligne qui conduit au Montserrat, le voyageur qui en a le temps peut faire une pointe sur Lérida, une place forte de quelque importance, dont les maisons semblent se grouper autour de la vieille cathédrale, désaffectée depuis bien des années déjà. Elle est aussi accompagnée de son cloître aux hautes arcades.

Plus loin encore, sur l'Ebre, que franchissent deux ponts en cet endroit, est l'antique Salbuda, ou Cœsarea Augusta, dont on est, à travers les siècles, arrivé à faire Zaragoza ou Saragosse. Cité de près de cent mille âmes, malgré des améliorations et modifications modernes, elle a encore conservé du caractère avec ses ruelles garnies de ces antiques demeures à l'aspect quelque peu forteresse. Nous passerons sur son histoire et le siège fameux, pour jeter un coup d'œil sur ses monuments. N'oublions pas non plus qu'elle fut la capitale de l'Aragon, pays un peu moins industrieux certainement que la Catalogne, mais dont les habitants ne le cèdent guère à leurs voisins sous bien des rapports. C'est la « calle del Coso » et la grande place de la Constitution, le centre à proprement parler. Une large avenue s'amorce à angle droit, tandis que, partant de la même place, une rue commerçante conduit au fleuve en passant devant un groupe de monuments, dont font partie la

Bourse, l'Hôtel de Ville et surtout la « Seo » ou cathédrale du Sauveur, dont l'origine première date du XIIe siècle. Elle forme un ensemble assez imposant avec ses tours et clochers. A l'intérieur elle présente cinq nefs séparées par des rangées de piliers gothiques d'une ornementation exagérée. Renfermant des tombeaux, elle comporte aussi un chapitre avec de belles stalles relativement sobres de décoration et un lutrin, pièce importante du XVe siècle; une de ces grilles magistrales, comme nous en verrons par la suite, ferme le coro.

La seconde cathédrale (on pourrait dire) de Saragosse est la « Neustra señora del Pilar », qui abrite la sainte image de la Vierge tant vénérée. Modeste statue de bois noircie par les ans, elle est vêtue d'un riche manteau et abritée sous un dais d'argent. Sur le maître-autel est un beau retable en albâtre, tandis que le chapitre compte plus d'une centaine de stalles, œuvre d'un artiste florentin.

Saragosse possède aussi son musée avec une assez riche partie archéologique et son château, le « Castillo de la Aljaferia ». L'antique palais des Maures, à une époque, fut transformé en couvent et aujourd'hui il est devenu une caserne. La troupe occupe aussi, du reste, un ancien cloître fort mutilé par lequel on pénètre dans une crypte souterraine qui aurait, paraît-il, sa place marquée dans le martyrologe chrétien comme abritant les restes de nombreux martyrs.

Mais reprenons notre route du littoral...

***

Le pays que l'on traverse est accidenté; de distance en distance la voie franchit des torrents à large lit encaissé, aux bords abrupts, où parfois un peu d'eau coule sur les cailloux. Puis quelques pins-parasols se silhouettent, de même que des oliviers, les cultures réapparaissent avec la vigne. On atteint ainsi Tarragone, dont les maisons dégringolent vers la mer, à laquelle on touche. Très antique et importante cité, elle n'a guère conservé que quelques faibles traces de sa splendeur passée, sous la forme de débris de remparts. Elle compta, rapporte l'histoire ou la légende, plus d'un million d'habitants, mais que sont devenus ces monuments comme savaient les construire les Romains; peut-être amphithéâtre, temples, cirques, bains, palais, sont-ils enfouis sous les décombres et la ville actuelle? Comme port, avec sa modeste jetée, c'est à peine si Tarragone peut compter. Elle a néanmoins sa cathédrale, avec un cloître ogival où l'on voit aussi tombeaux et retables, et son musée renfermant une intéressante collection archéologique.

En cours de route le voyageur ne pourra manquer de s'apercevoir de la présence de la paire de gendarmes qui accompagne chaque train. C'est là une mesure de précaution peu faite pour rassurer l'étranger, mais il ne faudra pas que cela nous inspire trop d'inquiétude, car pendant notre séjour en Espagne nous ne nous sommes pas aperçus qu'on ait eu recours une seule fois à leur intervention. Leur costume, avec le légendaire tricorne, moins imposant que celui de nos Pandores et qu'ils tiennent généralement enveloppé dans sa gaine de toile cirée noire, est d'aspect sévère; il se compose d'une tunique à parements rouges et d'un pantalon noirs que complètent de hautes jambières également noires. Un vaste manteaupèlerine, des gibecière, sac et fusil, achèvent leur équipement.

Bien que le train aille à une vitesse d'allure fort modérée, le paysage n'en défile pas moins le long de la portière. La campagne se déroule, peu intéressante, piquetée de caroubiers qui alternent avec les oliviers. La voie suit la côte plate sur laquelle viennent mourir les flots bleus du grand lac méditerranéen. Au passage se silhouette l'ancien hospitalet de Tarragona, à l'aspect féodal, avec son enceinte fortifiée flanquée de tours. Puis voici Tortosa, un modeste centre commercial à l'embouchure de l'Ebre. La gare comporte un buffet, plus ou moins appétissant, comme on en rencontre beaucoup en Espagne.

Chemin faisant le nouveau venu s'intéressera aux costumes et accoutrements des paysans; à vrai dire, ils n'offrent plus qu'un médiocre intérêt, ayant malheureusement adopté, en partie du moins, les vêtements modernes; néanmoins on apercevra encore de larges ceintures noires, des culottes courtes à rubans, et de ces fichus que les hommes nouent derrière la tête. Les femmes recherchent les étoffes de couleur et les mères de famille portent leurs enfants sur la hanche, tout comme les sauvages de l'Afrique centrale.

Quelques villages se montrent de loin en loin dans cette campagne où pousse la vigne et où se profilent de rares figuiers. Des couvents apparaissent aussi isolés.

Après Castellon de la Plana, d'aspect moderne, on aperçoit les premiers orangers, puis le paysage prend une physionomie quelque peu désertique, émaillée de rarissimes palmiers. Bientôt les orangers reparaissent plus nombreux et, aux gares, la pomme d'or est par tas attendant d'être chargée. Il va sans dire qu'ici le délicieux fruit n'a aucune valeur; les gens prennent à même.

« Sagunto! » crie l'employé; c'est là l'antique Saguntum qui, à travers des siècles, avait conservé jusqu'à ces dernières années le nom original de Murviedro, de « muri veteres », dénomination qui lui avait été donnée à la suite d'un effroyable siège, cause de la ruine de la cité. Elle a repris son nom glorieux en souvenir de la belle page d'histoire que lui a méritée son héroïque et tragique défense, il y a plus de vingt siècles. Son aspect, dominé par la vieille citadelle aux murs crénelés, est des plus pittoresques, et c'est là un tableau bien fait pour inspirer un peintre; malheureusement, il n'existe pas le plus modeste hôtel et la perspective de passer une nuit dans une gare mal close est bien faite pour arrêter les plus courageux.

Enfin, nous atteignons une grande cité au nom connu : Valence, après avoir traversé de vastes plantations d'orangers aux arbres couverts de fruits certains disent des forêts, mais le mot nous semble un peu impropre pour désigner ces grandes étendues couvertes du précieux arbre dont la forme arrondie est plutôt monotone). Au loin se profile une suite de petites montagnes parallèlement à la mer.

VALENCE

Troisième ville d'Espagne par sa population, qui dépasse cent soixante-dix mille habitants, la « ville du Cid » a gardé un certain cachet, malgré ses aménagements modernes, avec ses rues étroites et le caractère de sa population. Elle possède, heureusement encore pour le touriste, des murailles crénelées, de vieilles tours et des portes; elle compte des coupoles couvertes d'azulejos (c'est-à-dire de ces faïences peintes aux riches colorations, si célèbres surtout en Orient), dans ses ruelles tortueuses surplombent aussi des balcons garnis de tentures ou de stores, sortes de « bow-windows » vitrés parfois où se tiennent les señoras ou signoretas attendant leurs amoureux. Il est en effet un usage très particulier en Espagne, c'est celui pour les jeunes gens de faire la cour à leur belle en venant causer sous leur fenêtre; on en rencontre ainsi qui s'entretiennent des heures entières, mais les fameuses aubades au clair de lune sont rares aujourd'hui. Laissons cela aux poètes... L'été, pendant les chaudes journées où le soleil darde ses implacables rayons, on tend les toiles en travers de la rue, et cet usage est en vigueur dans la plupart des villes du sud de la péninsule. Il n'est, du reste, qu'inspiré des vélums de l'antiquité.

Comme nous pourrions l'écrire pour la plupart des cités que nous allons visiter, nous constaterons que leur origine remonte généralement aux Grecs ou aux Carthaginois ou, à leur défaut, aux Romains, ou plus près de nous, aux Maures; mais ce sont là des considérations sur lesquelles nous ne nous étendrons pas une fois pour toutes, ne pouvant et ne voulant nous limiter qu'à donner une forme aux notes que nous avons jetées sur notre calepin en cours de route.

Nous ne saurions passer sous silence la richesse de la contrée de cette célèbre « Huerta ». Les habitants ont, en effet, su tirer parti de la situation et du climat, doux et sec: ils cultivent et irriguent leurs terres avec succès et le pays a un aspect riche et gai qui contraste singulièrement avec la nudité des plateaux espagnols en général. En dehors de la surface, le sol renferme également des veines métallifères dont l'exploitation donne de bons résultats et enfin le littoral produit de véritables montagnes de sel, grâce à l'évaporation provoquée artificiellement par les marais salants. Ici encore on trouve un dialecte qui diffère du catalan, ayant beaucoup d'affinités avec le provençal, cette délicieuse langue de Mistral, l'immortel auteur de *Mireille*, mélangé d'un peu d'arabe.

Mais ce qui intéressera le touriste, ce sera naturellement la visite de la ville et de ses monuments; en circulant dans les rues étroites, on fera bien de prendre garde aux tramways qui tiennent presque la largeur de la voie parfois, et il faudra s'incruster dans le mur sous peine d'accident. Le besoin de progrès a fait passer les habitants pardessus toutes considérations... Le matin, le voyageur sera aussi très surpris d'être réveillé par le son de clochettes, il se croira le jouet d'un rêve, d'une illusion, et s'imaginera être en Suisse ou dans quelque pays de montagnes... Pas du tout... Qu'il poursuive son somme réparateur; ce sont les vaches que l'on mène chaque matin par la ville pour les besoins domestiques; on conduit le lait sur pied à domicile. Mais nous ne voyons pas bien cet usage prendre dans une ville comme Paris, par exemple; le coup d'œil serait peut-être très pittoresque mais la circulation des rues s'en ressentirait! Ajoutez à cela que plus d'une vache mère de famille promène avec elle son rejeton; enfin, par une bonne précaution, on leur met une couverture sur le dos. Il est vrai qu'à Bordeaux les chevaux ont des chapeaux de paille et qu'ailleurs nous avons vu des ânes en pantalon... ce qui ne surprendra personne!

A travers la ville on jettera plus d'un regard furtif sur quelque cour intérieure de vieux hôtels privés, où un escalier majestueux en pierre à belle balustrade conduit du rez-de-chaussée aux étages supérieurs. Sur la façade, certains de ces hôtels présentent une large baie arrondie, porche surbaissé, flanqué de fenêtres grillagées. D'autres sont décorés de sculptures et armoiries; enfin, l'un d'eux se distingue par son ornementation riche, mais trop surchargée, avec des statues : celui du marquis de Doos Aguas. Il a même un air imposant avec ses tours carrées aux angles.

Plus élancée est la tour Sainte-Catherine, mais moins importante que le Miguelete, tour octogonale de près de cinquante mètres de hauteur, du sommet de laquelle on jouit d'un beau panorama circulaire sur la ville et les environs.

Au premier rang des édifices publics, il faut placer la cathédrale érigée par le Cid, vainqueur des Maures, sur l'emplacement successif d'un temple et d'une mosquée. Il est vrai que l'église actuelle est une reconstruction datant du XIIIe siècle, de style gothique. Trois porches, dont l'un roman et un autre gothique dit « de los Apostoles », y donnent accès. A l'intérieur, le transept est coiffé par une coupole dont la physionomie a été dénaturée par un revêtement de plâtre. Le chapitre renferme de beaux bas-reliefs ainsi que des boiseries et une grille en bronze doré. Derrière le maître-autel est un joli motif décoratif en onyx. Parmi les chapelles plus ou moins richement décorées, celle de saint Pierre nous a paru trop chargée d'ornements. Un sacristain avec perruque à marteau et affublé d'une robe de couleur, nous a indiqué des chaînes qui proviendraient, paraît-il, du port de Marseille et sont promenées en grande pompe les jours de fête... Grand bien cette cérémonie puisse-t-elle faire aux porteurs! Dans la sacristie, quelques toiles de maîtres, Ribera, Goya et autres, sont appendues aux murs. Un pont, rappelant le « pont des Soupirs » à Venise, relie la cathédrale à l'évêché, tandis qu'un autre la fait communiquer avec la Sala Capitular, sorte d'église indépendante.

Près de là est la place de la Seo, où se tiennent d'ordinaire de ces voitures aux formes gracieuses et à la toiture arrondie, rappelant certains chars asiatiques, et que l'on rencontre par la ville. C'est sur cette place que se réunit tous les jeudis le tribunal de « las Aguas », des Eaux, institué par El Hakem, le monarque maure, au Xe siècle, pour la distribution des eaux propres à l'agriculture. Cet usage a survécu à travers les siècles et cette justice patriarcale a encore toute son efficacité aujourd'hui, car les juges sont de simples paysans élus par les leurs et leurs décisions ont force de loi.

Très animée et pittoresque surtout le matin, comme le disent à juste raison les « Guides », est la place du Marché, devant laquelle se dresse la Bourse « Lonja de la Seda », halle à la soie, aux grains, etc... dont la toiture élevée est portée par de sveltes colonnes torses. On vous prévient qu'il faut faire attention à ses poches... aussi a-t-on bien raison de désigner ce lieu dangereux sous le nom de : Bourse; c'est là qu'on fait la bourse! Les pick-pockets existent donc ici comme ailleurs... Devant est une autre église, « Santos Juanes »... Mais passons.

Le Musée des Beaux-Arts est une grande bâtisse sans cachet avec une cour, ancien cloître fermé. Sans nous attarder à la description des œuvres de plus ou moins de valeur qu'on y trouve, signalons tout de suite une très belle et très intéressante collection de retables, dont certains sont absolument remarquables.

Il y aurait encore autres choses à voir, mais, il faut bien savoir se borner et le touriste ordinaire ne peut avoir la prétention de tout visiter. C'est ainsi qu'on peut signaler une vieille porte mauresque, d'intéressants débris de remparts, les vieux et curieux ponts jetés sur la Guadalaviar, au lit obstrué de bancs de sable, ponts décorés de statues de saints. C'est au delà de la rivière qui va aboutir au Grao, le port de Valence, distant d'une lieue environ, que se trouve la promenade banale de l'Alameda, allée de platanes. Plus gracieux est le square de la Glorieta, auprès de la manufacture des Tabacs.

La ville, dont la voirie laisse fort à désirer, est éclairée à l'électricité, comme nombre de villes espagnoles du reste. Elle possède aussi sa « Plaza de Toros » pouvant contenir 18.000 spectateurs, et son Jardin botanique orné de belles plantes exotiques.

Enfin, une importante fabrique de majoliques mauresques est à signaler.

Se dirigeant vers le sud, c'est par Alicante que prendra le touriste. Il l'atteindra en passant par une région accidentée, laissant au nord la route de Madrid par Encina et Chinchilla. De ce côté et au delà surtout, le pays triste, sans trace d'habitants presque, évoque le souvenir des plateaux algériens avec leurs silhouettes lointaines de montagnes, et des ravins sauvages, véritables lits d'oueds. Un peu plus intéressant est l'embranchement de Chinchilla à Murcie, qui suit, pour partie, la vallée de la Segura. De ce côté, on exploite le soufre, que l'on trouve à fleur de terre à l'état brut.

ALICANTE

Dominée par son château de Santa Barbara, la ville qui a donné son nom à un vin, fort apprécié peut-être de plus d'un de nos lecteurs ou mieux encore d'aimables lectrices, est un modeste port peu animé. La ville, topographiquement, occupe, aux pieds d'une colline aride et pelée, à peu près le centre d'une baie au-dessus de laquelle elle s'élève en amphithéâtre. En arrière elle est dominée par le fort San Fernando, au pied duquel s'étend le quartier neuf.

D'aspect moderne et gai, Alicante offre en réalité peu d'intérêt pour l'étranger, mais, grâce à la douceur exceptionnelle de son climat, des plus tempérés, elle serait susceptible de devenir une station hivernale, si l'accès en était plus facile ou plutôt si elle était mise en relation avec nos chemins de fer par des trains plus rapides et plus fréquents. Elle se réclame aussi comme étant d'une origine fort ancienne, cela va sans dire, et possède sa cathédrale, son hôtel de ville flanqué de hautes tours carrées, sa rue fréquentée : la calle de San-Francisco, son marché et sa promenade plantée de palmiers qui ont meilleure façon que ceux de la promenade aux Anglais de Nice, il convient d'ajouter. Mais ce qui attire le touriste à Alicante, c'est surtout le voisinage d'Elche, située à quelques lieues seulement.

ELCHE

La réputation de ce coin d'Afrique placé en Europe n'est plus à faire; il est trop universellement connu aujourd'hui, néanmoins on ne saurait méconnaitre qu'il a un charme tout particulier. Une promenade de quelques heures au milieu de ses palmiers sera surtout goûtée par les personnes qui n ont pas pu encore apprécier les charmes du pays africain. Rien ne manque, en effet, et l'analogie est complète. Les échappées entre les troncs noueux des palmiers laissent apercevoir une ligne de murs crénelés surmontés de coupoles dessinant sur le ciel leur harmonieuse silhouette. Les maisons aux terrasses éclatent blanches sous le ciel bleu foncé; seulement, au lieu d'Arabes, ce sont des Espagnols qui circulent dans les rues étroites.

Les palmiers d'Elche, dont la plantation remonte aux Maures, donnent des dattes comestibles, mais on fait surtout le commerce des palmes qui se vendent par toute l'Espagne à l'occasion du dimanche des Rameaux, ainsi que nous avons pu le constater.

Sans nous arrêter plus longuement, nous entrons dans la vallée de la Segura et nous atteignons Murcie.

MURCIE

Quoique n'ayant pas grande apparence, Murcie compte une centaine de milliers d'habitants. Située au centre d'une des plus riches campagnes espagnoles, toute plantée d'orangers et de citronniers, sous un climat très chaud l'été, elle est à cheval sur la Segura, une rivière torrentueuse que franchit un pont en pierre à double arcade. Ses rues sont en général étroites, tortueuses et plutôt désertes, et, en résumé, la ville est peu intéressante.

Sa cathédrale, sous le vocable de Santa Maria, est un bel édifice de couleur rose pâle, flanqué d'une grosse tour carrée à laquelle les guides donnent près de 150 mètres et dont on atteint le sommet par des rampes, espacées par de petits paliers de repos, au lieu et place d'escalier. Une haute balustrade garnit la plate-forme supérieure d'où l'on découvre une belle vue d'ensemble. A l'intérieur l'église présente un riche et important retable sur l'autel principal, ainsi qu'un coro (suivant l'expression consacrée), avec des stalles en bois sculpté et des orgues à double face. Sur la partie extérieure de la séparation fermant ce chapitre, sont de petites chapelles, disposition que l'on retrouve dans nombre d'églises espagnoles. Au pourtour sont d'autres chapelles dont la visite détaillée pourrait peut-être manquer d'intérêt. Dans la sacristie on peut voir de fort belles boiseries, et c'est là aussi un des luxes des édifices religieux d'Espagne auxquels sont accolés des cloîtres, comme dans le cas présent.

Ici encore le modèle des voitures est gracieux et original; ce sont des sortes de charrettes fermées à deux roues avec une toiture bombée, comme on l'a vu plus haut. La carrosserie paraît soignée et peinte généralement en ton clair; le jaune semble le plus en vogue. Le transport de l'eau se fait sur des chariots, au moyen de sortes d'amphores placées même parfois sur des chevaux.

Murcie possède de vastes arènes en briques pouvant contenir une douzaine de mille de spectateurs. Les dépendances, bien aménagées, comprennent un parc à taureaux communiquant à la piste par une série de trappes qui se manœuvrent du haut. Tout cela nous a paru bien machiné...

Inutile enfin d'ajouter que Murcie est un centre actif du commerce d'oranges et de citrons, pour lesquels le prix d'achat est vraiment peu de chose parfois, paraît-il, à côté de celui du transport. Il faut ajouter à cela l'agio sur le change qui fait que ce commerce devient souvent un pure opération financière. La récolte se fait, comme on le sait, plusieurs fois par an; elle est sujette à fluctuations, il est vrai, mais il n'y a pas de morte saison à proprement parler. La propriété semble assez divisée ; néanmoins on voit faire de gros marchés.

***

Descendant toujours vers le sud, pénétrons maintenant en Andalousie. Le long de la route, quelques vieilles tours de défense semblent de vieux jalons plantés sur la hauteur. Puis, c'est Lorca, une petite cité pittoresque groupée sur un mamelon au pied d'un château ruiné; Almendricos, l'embranchement qui conduit à Aguilas. Nous sommes dans la région du fer et la voie s'est élevée à plus de 800 mètres, pour atteindre Baza, terminus actuel du chemin de fer.

Une douzaine de lieues sépare Murcie de Carthagène, le port militaire par excellence de l'Espagne. mais sa visite, un peu en dehors de l'itinéraire le plus généralement suivi, ne saurait offrir grand attrait au touriste tant soit peu pressé. Cette place forte de premier ordre est bien située au fond d'une baie profonde, dominée par des hauteurs fortifiées, tandis que du côté de la mer deux forts, perchés sur des falaises, la défendent de toute attaque extérieure. Mais la cité, fondée, dit-on, par Asdrubal, semble étouffer dans sa ceinture trop étroite.

Son port naturel, admirable échancrure pratiquée dans la côte, est en eau profonde, avec huit mètres jusqu'au long des quais; et, qui plus est, il est assez vaste pour recevoir des escadres entières. Une double jetée le protège du large et nous ne pouvons que formuler un regret, celui de n'en pas posséder de pareil plus haut, sur notre côte catalane. Nous ne dirons rien de l'arsenal...

Les environs de Carthagène sont aussi un centre minier important, et les exploitations, dont l'origine remonte aux Romains (c'est bien le cas de répéter qu'il n'y a rien de nouveau sous le soleil), peuvent représenter une extraction annuelle d'environ un million de tonnes. On trouve du reste de véritables villes industrielles comme La Union qui compte environ trente mille âmes.

DE BAZA A GRENADE

Les parcours en voiture deviennent rares aujourd'hui en Europe quand on suit les itinéraires classiques du touriste ordinaire. En Espagne même, il n'y a plus guère que ce trajet, et lui-même ne s'effectuera peut-être plus dans quelques années, puisque l'on étudie un tronçon ferré qui contournera le massif de la Sierra-Nevada ou se faufilera du moins entre ses ramifications. Aussi nous allons décrire ce qu'il peut offrir d'intéressant et de pittoresque.

Tout d'abord, la distance officielle entre Baza et Grenade est de 115 kilomètres. Une voiture publique fait le trajet, malheureusement en partie de nuit, aussi, pour bien voir, est-il préférable de prendre une voiture particulière et de coucher en route à Guadix.

Laissant derrière soi les maisons blanches de Baza, au milieu desquelles errent de petits troupeaux de cochons gris conduits par des hommes à manteaux (couleur de muraille) ou affublés de couvertures de lit, on monte sur un plateau désert, entraîné par des mules pomponnées qui soulèvent des flots de poussière... c'est qu'on n'arrose pas les routes là-bas comme dans nos Pyrénées. A peine si un peu de végétation apparaît dans ce paysage aux lointains horizons et cependant l'eau n'a pas dû toujours manquer, s'il faut en croire l'emplacement de torrents desséchés mais dont les ponts ont été emportés. Bientôt apparaissent des trous noirs dans le flanc rougeâtre des montagnes ; ce sont des habitations troglodytes; nous en verrons d'autres, du reste. La route descend dans un ravin tourmenté et complètement dénudé, et Guadix se montre au bord d'une modeste rivière qui apporte la fraîcheur à ce coin perdu. Petite ville pittoresque échelonnée à flanc de coteau, elle possède une église de quelque importance. Elle a aussi des veilleurs de nuit, « serenos », que l'on trouve dans presque toute l'Espagne et qui s'en vont la nuit par la ville, avec leur lance et leur falot, criant les heures et annonçant le temps qu'il fait.

Le lendemain matin, on repart par une mauvaise route qui présente plus d'un passage pittoresque. On franchit d'abord un chaînon d'étranges collines aux formes tourmentées, aux arêtes fantastiques, près desquelles des troglodytes nichent sous terre. Une rivière se présente, on entre dans son nid caillouteux à défaut de route...; on en ressort pour grimper sur une hauteur d'où l'on découvre toute la Sierra-Nevada couverte de neige. Une auberge troglodyte se dresse au bord du chemin; puis on redescend dans une gorge au long d'un torrent, pour remonter dans un paysage sauvage en laissant la blanche Sierra sur la gauche, et enfin, au bout d'une descente, la plaine de Grenade apparaît au loin.

GRENADE

Voici Grenade, la célèbre Granada, à laquelle est étroitement lié le souvenir de l'Alhambra, cette merveille que nous ont léguée les Maures.

Postérieure à certaines de ses sœurs espagnoles, elle n'en aurait pas moins, suivant les auteurs, une origine romaine, mais son importance ne date que du IXe siècle, alors qu'un émir de Cordoue serait venu s'y installer; nous renverrons à des ouvrages spéciaux ceux de nos lecteurs que des détails intéresseraient.

Bien située au-dessus d'une plaine verdoyante et dominée par la colline qui porte l'Alhambra, elle se présente descendant en pente douce sur les flancs de coteaux que l'on pourrait comparer aux quartiers ouverts d'une grenade (la comparaison n'est pas de nous, hâtons-nous de le dire). Derrière l'Alhambra apparaît le faubourg de l'Albaycin... mais n'anticipons pas; enfin, le fond du décor est occupé par la longue et peu intéressante silhouette de la Sierra-Nevada avec ses vastes champs de neige. Quant à la plaine même, dite de la Véga, elle passe, et à juste titre, pour une des plus riches campagnes d'Espagne et, dans son style imagé, un auteur arabe a été jusqu'à la comparer à « une coupe d'argent remplie d'émeraudes et de pierres précieuses »; serait-ce de cette même figure qu'il faudrait se servir pour dépeindre la richesse de certaines de nos campagnes parisiennes qui doivent leur fécondité à des procédés d'écoulement que nous n'oserions nommer?... Nous ne le pensons pas!

Malgré tout le désir que doit avoir le nouveau débarqué de courir admirer les beautés du palais mauresque, jetons d'abord un coup d'œil sur la ville, où circulent des omnibus de louage attelés de mulets, ainsi que des ânes, porteurs d'eau. Les maisons, garnies de petits balcons, sont, pour la plupart, peintes en couleurs voyantes parmi lesquelles le jaune safran semble privilégié. Dans les rues, des soldats bien tenus et des cavaliers à l'uniforme bleu clair prouvent que nous sommes dans une ville de garnison, bien qu'elle n'ait aucune situation stratégique intéressante à ce qu'il nous a semblé. Grenade ne manque pas d'animation, avec ses cafés et autres lieux de distraction où on peut voir de ces fameuses danses, auxquelles tout le monde a plus ou moins assisté aux expositions universelles. Par une mesure de police spéciale, ici, peut-être à cause des étrangers ou plutôt des gitanos, les veilleurs de nuit portent le revolver.

La vaste cathédrale, appartenant à diverses époques, présente cinq nefs grandioses. Parmi ses chapelles, la capilla reale renferme les tombeaux en marbre blanc de Ferdinand et d'Isabelle la Catholique, de Philippe le Beau et de Jeanne la Folle, revêtus de leurs insignes royaux. Les cercueils sont placés dans une crypte au-dessous. La chapelle, d'une décoration très sobre, est fermée par une grille en fer forgé qui passe pour une des plus belles d'Espagne. La capilla mayor, ou chœur, est une des plus somptueuses que nous ayons vues; enfin c'est sur l'emplacement d'une ancienne mosquée que s'élève la chapelle Sagrario. L'église renferme aussi des œuvres de maîtres anciens, cela va sans dire. Quant à la sacristie, elle abrite des objets du culte plus ou moins riches et quelques souvenirs historiques. Là, comme ailleurs, on est l'objet de sollicitations obséquieuses et des mains se tendent autour de vous,... c'est la plaie du pourboire!

Nos lecteurs, impatients de voir notre opinion sur l'Alhambra, nous permettront encore de signaler les églises Saint-Jean-de-Dieu et San Geronimo où se trouve le retable qui passe pour le plus beau d'Espagne. D'un aspect lourd plutôt, il est d'une importance exceptionnelle et est l'œuvre de Berruguet, un artiste auquel on attribue nombre d'ouvrages. Dans cet édifice on trouve une disposition spéciale, très heureuse à notre avis, c'est l'installation du coro en tribune à l'entrée, à la place de nos grandes orgues, de telle sorte que l'église ne perd rien de ses proportions. Nous avons, du reste, vu quelques autres exemples similaires.

Parmi les monuments de la ville, on peut également citer la Cartuja (ancien couvent de Chartreux), ainsi que le prouvent les peintures décoratives du cloître représentant les principaux épisodes de la vie de saint Bruno. La sacristie de la chapelle est rehaussée d'une décoration en stuc qui serait due à la même main, avec pilastres en marbre et meubles à tiroirs incrustés d'écaille et d'argent. Sur le maître-autel, on vous fait remarquer une petite statuette en bois du fondateur de l'ordre...; elle est, paraît-il, très en honneur. Dans une habitation privée, on vous montre encore au milieu de quelques meubles anciens l'épée de Boabdil, souvenir d'un autre genre.

La ville avait jadis son bazar, malheureusement complètement défiguré aujourd'hui, les fines colonnettes des échoppes ayant été noyées dans la construction moderne.

Rien de particulier à dire de l'hôtel de ville et des promenades situées au long de la rivière, à l'une des extrémités desquelles une statue représente Christophe Colomb, l'immortel navigateur... présentant sa note à Isabelle la Catholique! Mais passons à l'Alhambra.

C'est sur le sommet allongé d'une colline dominant la ville de plus de cent mètres de hauteur, que se dressent fièrement les hautes murailles flanquées de tours, qui enlacent le plateau d'une noble et redoutable ceinture de plus de deux kilomètres de circuit. L'aspect le plus pittoresque est celui qui s'offre du faubourg habité par les gitanos, dont il est séparé par le ravin au fond duquel coule le Darro. De ce quartier aux pentes abruptes et sauvages, l'antique forteresse émerge des masses de verdure où se noie la partie basse des remparts. Nous n'oserions décrire le pittoresque tableau qu'on a alors sous les yeux, lorsqu'un éblouissant soleil vient illuminer les tons naturellement chauds d'un coloris intense, contrastant avec la verdure estivale ou additionnant ses ocres aux puissantes colorations d'automne. C'est la palette à la main que l'on ressent toute la puissance de l'impression que produit un pareil spectacle... les artistes nous comprendront.

Procédons par ordre pour la visite de la célèbre colline, et tout d'abord pénétrons dans la rouge enceinte (al-hambra veut dire rouge en arabe) par la majestueuse porte dite de « la Justice », sous la noble arcade persane où l'on voit quelques vestiges des jolies faïences qui la décoraient autrefois. Ce serait sous cette voûte que la messe aurait été célébrée pour la première fois à Grenade, et à la date anniversaire on l'y dit encore chaque année. A côté, une autre porte à l'arcade galbée était la principale entrée du Palais d'hiver arabe; elle a été malheureusement fort mutilée.

Sur le côté, est la place dite des Citernes, d'où la vue s'étend sur l'Albaycin, où des restes de remparts semblent escalader la colline, tandis que le regard plonge dans le ravin qui se creuse en dessous de la terrasse. L'enceinte, aux tours ruinées, dominées par un donjon carré et renfermant jadis les prisons, porte le nom d'Alcazara. Vis-à-vis est le palais de Charles-Quint, édifice non terminé, qui rappellerait intérieurement, avec ses murs percés de trous béants, certains coins de nos tristes ruines, aujourd'hui disparues, des Palais des Tuileries ou de la Cour des Comptes, à Paris. Au centre, une cour circulaire, à deux étages de colonnes, devait se prêter à des fêtes. On y donne encore des concerts au printemps.

Malheureusement cet édifice a pris la place d'une partie du palais arabe.

Si l'on pénètre dans la partie subsistante, on trouve d'abord la jolie cour dite « des Myrtes », à cause des vieilles souches de ces plantes qui accompagnent le bassin où se reflètent les gracieuses arcades mauresques aux fines dentelures. Cette pièce d'eau rectangulaire porte le nom de bain des Femmes, d'après sa destination primitive, paraît-il...; en tout cas, ce coin était une délicieuse retraite, à laquelle l'eau apportait une douce fraîcheur. Des plafonds en bois de cèdre peint, imitant la nacre, ajoutaient à la décoration que complétaient des stucages et même des faïences. On retrouve là aussi l'inévitable cage mauresque ou moucharabieh. A une extrémité, la salle dite « de la Barque » conduit à la superbe salle carrée « des Ambassadeurs », véritable merveille de décoration, avec des baies gracieuses laissant d'exquises échappées. Retraversons la cour des Myrtes pour admirer la fameuse cour des Lions, que tout le monde connaît pour en avoir vu des dessins ou des photographies. Nous n'oserions tenter de décrire le charme incomparable de cette cour unique, toute encadrée de ces fines arcades de délicieuses proportions, soutenues par de sveltes colonnes de marbre auxquelles le temps a donné une harmonieuse patine. La profusion des ornements en stuc ne nuit pas à l'effet d'ensemble qui fait de ce coin un véritable joyau d'architecture. Au centre, une vasque était l'ancienne fontaine arabe que l'on a fait porter à tort par de vilains lions. Il serait à désirer seulement que l'éclat des tuiles de couleur de la toiture tombât un peu. Sur le côté, la salle des Abencérages est une salle à l'ornementation de couleurs passées, qui aurait été témoin d'une scène barbare; c'est là, paraîtrait-il, qu'on aurait traîtreusement attiré trente-six Abencérages pour leur couper le cou. A la suite, la salle de la Randa est éclairée sur une petite cour, ancien cimetière des Maures. En retour, les salles du Tribunal forment une jolie perspective d'arcades avec des coupoles ajourées. Sur l'autre face de la grande cour, une salle toute enrichie d'harmonieuses ornementations et que coiffe une jolie coupole a été désignée sous le nom « des Deux-Sœurs », à cause de deux grandes dalles de marbre blanc placées parallèlement sur le sol. Derrière, un mirador donne sur un joli jardin intérieur où murmure une discrète fontaine. Sur ce même jardinet donnent les appartements de Charles-Quint où aurait logé Washington. Extérieurement la tour de la Reine fait partie du rempart, en retrait duquel on montre aux visiteurs une tourelle où aurait été enfermée Jeanne la Folle. Des bains rappellent bien l'époque mauresque avec leurs ouvertures pratiquées au plafond de la voûte. Et la visite se termine d'ordinaire par la cour de la Mosquée et deux tours d'habitation dites de la Princesse ou des Infantes et de la Captive.

Ajoutons que l'Alhambra est l'œuvre du premier roi maure Alamar, qui régna vers l'an 1000 de notre ère. De nos jours, l'entretien et la restauration en ont été confiés à M. Contreras, architecte, auquel succéda son fils, il y a quelques années.

Dominant l'Alhambra lui-même, le Généralife (de l'expression arabe Djennat al Arif, jardin de l'architecte), était la maison de campagne des sultans de Grenade. Cette ravissante propriété appartient aujourd'hui à la famille Pallaviccini, et proprement à la marquise de Campotejar. Elle se compose d'un grand jardin, dans lequel s'élève une suite de bâtiments, jadis affectés à l'usage de harem et divisés par des cours et parterres en terrasses, d'où la vue s'étend superbe sur l'Alhambra, une partie de la ville et la campagne au loin. La première cour, long rectangle, dont le centre est occupé par un petit canal, offre à ses extrémités de gracieuses arcades, encadrées de décorations, en partie ensevelies sous la chaux. Nous voudrions être poète, pour chanter les charmes de cette délicieuse retraite, que nous n'avons malheureusement fait, en quelque sorte, qu'entrevoir en une trop courte visite... Avec ses cloîtres discrets, ses petits coins de sombre verdure où un cyprès vétéran porte le surnom de cyprès de la Sultane, en souvenir des Maures, dont il serait, paraît-il, contemporain, c'est bien l'asile rêvé où l'on voudrait vivre et mourir, enlacé dans les bras d'une femme aimée... Dans la partie supérieure de la propriété, on a élevé une sorte de belvédère pour jouir d'un vaste panorama. N'oublions pas, en effet, que tous ces tableaux ont comme fond de décor la large silhouette blanche de la Sierra-Nevada, que nous contemplerons de loin, laissant à d'autres le soin d'y pratiquer de l'alpinisme.

Le touriste qui visite Grenade croirait manquer à tous ses devoirs s'il ne faisait une promenade au faubourg où les Gitanos, très surfaits au point de vue de l'intérêt qu'il présentent, nichent dans des sortes de caves « cuevas » ouvertes dans le flanc de la colline, sous les touffes de figuiers de Barbarie. Les hommes, à figure glabre, ne disent en général rien qui vaille, et les filles brunes, vêtues de jupes criardes, ne nous ont pas paru belles pour la plupart. Ainsi, sont souvent établies des réputations...

***

De Grenade à Malaga, la distance n'est pas bien longue, et, pour la franchir, on use des chemins de fer andalous, dont le matériel, d'origine anglaise, nous a paru mieux tenu que d'autres. Le pays que l'on traverse est fortement mamelonné et bien cultivé. Par endroits, on passe dans des parties rocheuses, livrées à l'exploitation. A Bobadilla, embranchement important, on trouve un bon buffet bien servi où l'on parle le français (ce qui est toujours agréable). Le paysage devient bientôt après d'un pittoresque superbe; on passe auprès d'une beauté naturelle de premier ordre, qu'on ne fait qu'apercevoir entre deux tunnels; c'est une fente ou coupure gigantesque aux parois rocheuses d'ocre rouge, pratiquée du haut en bas de la montagne. Au fond du gouffre, coule un torrent. Ce défilé, d'une grandeur sauvage, porte le nom étrange de « el Tajo del Gaytan ». La voie descend rapidement, le paysage s'aplanit et bientôt apparaissent des champs de cannes à sucre... c'est Malaga.

MALAGA

Une des premières villes d'Espagne, par son importance et le chiffre de sa population, la ville au nom bien connu des gourmets jouit également d'un climat exceptionnellement doux et salubre; et, de fait, avec l'agréable et exotique végétation qui y pousse, on pourrait y... restaurer ou du moins reproduire le Paradis terrestre. C'est ainsi qu'il est difficile d'imaginer une retraite plus délicieuse que certains parcs des environs, propriétés de riches négociants en vin ou autres. Telles sont celles de San José et de la Conception, situées dans un vallon venant mourir à la mer, aux portes mêmes de la ville. Cette végétation variée, exubérante, des plus exotiques, avec ses bananiers aux larges feuilles, ses caoutchoucs, ses palmiers, ses cocotiers même, ses ficus, ses araucarias géants, ses plantes grasses, etc., etc..., sans parler des Bougainville et autres plantes grimpantes aux belles couleurs, tout évoquait pour nous des souvenirs lointains; c'était la flore de Java, de Ceylan, que nous retrouvions sous ce coin de ciel bleu d'Espagne. La seconde propriété nous a encore plus séduit que sa voisine, à cause du pittoresque de sa situation. D'agréables vallonnements, des bassins et cascatelles, lui donnent un plus grand charme, et c'est à regret qu'on quitte ce délicieux asile auquel il ne manque même pas un théâtre en plein air et qui possède son petit musée archéologique.

Quant à la ville elle-même, dominée par la colline escarpée de Gibralfaro, portant un château-fort relié à la partie ancienne de Malaga par une suite de remparts, elle est située au bord d'une riante baie encerclée de montagnes. Port dont la fondation remonte aux Phéniciens, Malaga, possède aussi son histoire, et eut ses rois... C'est une cité commerçante, sans grand intérêt et dont la voirie nous a paru laisser à désirer, excepté cependant dans la rue principale, bien éclairée et pavée en bois, dont une partie des boutiques est occupée par les cercles; et rien n'est curieux comme de voir ces messieurs les membres, en vitrine, causant et fumant dans leurs salons.

En fait de monuments, c'est naturellement la cathédrale qu'il convient de citer d'abord, avec ses coupoles ornées et rehaussées de dorures. On retrouve toujours le coro avec ses stalles et ses buffets d'orgue (vert et or), et la disposition spéciale du passage avec grilles, balustrade qui relie le chapitre au chœur, disposition très usitée. Les chapelles sont également garnies de retables plus ou moins intéressants, et on peut y voir des tombeaux. Le coup d'œil qu'offre le port avec ses deux parties, sera apprécié du voyageur, surtout s'il est doublé d'un artiste, malheureusement, le mouvement maritime nous a paru plus que modéré. Un vaste emplacement qui a succédé à un fond de port vaseux, attend un jardin et des quais. Au delà s'étend le quartier de Malagueta, habité par des familles de pêcheurs; c'est là que se trouvent la Plaça des Toros et les établissements de bains de mer.

Nous ne dirons rien du commerce des vins, la principale richesse du pays, comme on sait.

Pour gagner la pointe sud de l'Espagne on passe par la pittoresque petite ville de Ronda. Chemin faisant on croise un village couronné par une ruine de château : Teba, un titre porté par l'ancienne impératrice Eugénie (comtesse de Teba) ; aux stations on vend des oranges à raison d'une demi-douzaine pour un sou.

***

Ronda est également une des plus anciennes villes d'Espagne et surtout une des plus curieuses comme situation, plantée à 750 mètres d'altitude, dans un pays montagneux, au bord d'un plateau coupé à pic. Elle est de ce côté perchée à plus de 200 mètres au-dessus du torrent qui la sépare en deux en se glissant dans une énorme fissure de plus de 150 mètres de profondeur ; c'est cette gigantesque entaille « le Tajo », que franchissent trois ponts de diverses importance et hauteur au-dessus de l'abîme. Le grand pont de 70 mètres de longueur est une double superposition d'arcades de belle allure, tandis que les autres, plus modestes, n'offrent qu'un médiocre intérêt ; mais on ne saurait rester indifférent devant l'œuvre de la nature et la vue de cette gorge avec ses parois verticales auxquelles s'accrochent des bouquets de verdure vous arrache un cri d'étonnement. L'aspect est peut-être encore plus saisissant en bas et le site a évoqué chez nous le souvenir du

Rummel, à Constantine... Là aussi, les oiseaux de proie, surnommés charognards... et pour cause, ne cessent de voleter en poussant des cris sinistres.

Que dire, après cela. de la promenade, des arènes de taureaux (les plus vieilles d'Espagne, nous a-t-on dit), de la cathédrale, de vieux couvents, de fontaines, qui ne manquent cependant pas de cachet, d'un marché installé dans une ancienne habitation arabe, aux colonnes jaunes, et même des rues de la ville avec leurs maisons basses, toutes garnies d'un petit mirador à rez-de-chaussée.

Continuons pour, à travers des gorges sauvages et sinueuses, atteindre Algésiras. Déjà bien avant d'arriver au port où l'on s'embarque pour Gibraltar, nous avons aperçu le haut et long rocher se dressant comme un gigantesque sphinx décapité aux portes d'Hercule, molosse à la solde de l'Angleterre, qui semble placé là pour monter la garde à l'entrée du lac méditerranéen. On est assailli dans le train de propositions de transport et d'offres d'hôtels, c'est un véritable assaut auquel semble être livré le pauvre voyageur. Heureusement que le train approche du quai et que l'embarquement comme le débarquement s'opèrent facilement. La traversée, moyennant un shilling, dure une vingtaine de minutes et permet d'admirer à loisir la situation et l'aspect du rocher, avec la ville et le port, dans la partie basse. Les hauteurs, verdoyantes au printemps, sont brûlées l'été, car la chaleur se fait cruellement sentir et on paye durement la douceur de l'hiver. A peine débarqué, une autre sensation, désagréable, nous saisit, celle du manque de liberté; on n'a pas plutôt franchi la porte à laquelle on décline son nom, qu'on se sent comme prisonnier derrière ces remparts anglais.

GIBRALTAR

Ville fortifiée de 25.000 habitants dans lesquels figurent plus de 6.000 hommes de garnison, Gibraltar est plutôt un grand fort, où l'on ne se sent pas à l'aise... ; c'est à peine si l'on ose regarder les sites charmants qui s'y rencontrent en échappées dans la verdure à l'ombre des grands pins parasols, sur la rive espagnole au delà du golfe aux flots bleus ou plus au loin, dans la direction opposée, sur les côtes lointaines d'Afrique.

Nous ne rappellerons pas les circonstances par suite desquelles, il y a bientôt deux siècles, le rocher inexpugnable est tombé aux mains de l'Angleterre, pour n'en sortir... Dieu sait quand? En tous cas il semble bien gardé et défendu ; on ne voit que batteries, parcs d'artillerie, casernes, hôpitaux, soldats, etc...; sur la bande de terrain plat qui le sépare de la terre d'Espagne, des soldats montent perpétuellement la garde, sans laisser entre eux le moindre intervalle. C'est sur ce coin de sol confinant aux parois à pic du rocher qu'on a établi le cimetière et installé le champ de courses. A l'entrée de la ville se tient le marché où nous apercevons les premiers Marocains. A peine dans les rues montueuses, véritables escaliers parfois, on se trouve en pleine population cosmopolite : Juifs, Levantins, Indiens même, mêlés aux Espagnols, aux Anglais ou autres Européens. Le mouvement commercial paraît assez actif, favorisé surtout par l'absence de droits onéreux sur nombre d'articles. Pour notre part nous trouvons avec plaisir un bon choix de tabacs.

Pour ce qui est des monuments, on ne saurait classer dans cette catégorie : des casernes, bien aménagées, il faut le reconnaître, des hôpitaux, des chapelles anglicanes, des cottages, généralement modestes, la Bourse, la demeure, qui porte le nom pompeux de palais du Gouverneur, et des hôtels à voyageurs... Mais la Promenade, précédée d'une vieille porte curieuse décorée de blasons, mérite une mention particulière, avec ses plantations bien entretenues. Plus d'un coin rappelle la fortunée Côte d'Azur de Nice et de ses merveilleux environs. Un espace sableux est le champ de manœuvre ou la Parade, dominé par le buste d'Elliot au haut d'une colonne flanquée de quatre vieux engins de guerre. Plus loin c'est Wellington qui a aussi sa statue.

Au sortir de la ville et après avoir dépassé la Promenade, on trouve le quartier d'Europe, à l'extrémité duquel se dresse un phare. Nous n'insisterons pas sur les soldats à l'uniforme rouge ou jaune-safran que l'on rencontre à chaque pas, le petite toque placée sur le côté, le stick à la main, et battant le pavé de leurs gros souliers...

Enfin, le touriste ne manquera pas la visite des célèbres souterrains, qui grimpent au long du rocher, abritant des batteries dirigées du côté espagnol ; ils mesurent près d'une lieue de longueur, mais ce que l'on montre n'est que médiocrement armé... Il est des choses qu'on ne voit pas ! Le soir, la retraite en musique jette sa note gaie et, du reste, la population et la garnison paraissent ne pas manquer de sources de distractions.

TANGER

Un voyage en Espagne semble impliquer une pointe sur l'Afrique, si proche, et un touriste paraîtrait bien indifférent s'il ne posait pas seulement le pied sur la terre marocaine. Du reste, la distance est courte, même pour ceux qui redoutent le désagréable mal de mer. Deux compagnies de navigation entretiennent, en effet, des relations constantes entre Gibraltar et Tanger : une société de navigation anglaise, qui n'hésite pas à transporter les voyageurs sur des remorqueurs peu confortables, et la Compagnie Transatlantica española, dont les petits paquebots, proprement tenus, offrent même parfois un certain luxe. Les traversées, du reste, sont courtes et quelques heures suffisent entre les divers points desservis. On compte de trois à cinq heures entre la ville anglaise et la cité marocaine, selon le bateau et l'état de la mer, souvent assez remuante à ce goulet du bassin méditerranéen.

N'insistons pas sur le trajet, quelque court qu'il soit, pour ne pas jeter de trouble dans les estomacs de certains de nos lecteurs et surtout de plus d'une de nos charmantes lectrices...

Le rocher de Gibraltar a disparu derrière nous, et les côtes africaines et européennes semblent fuir sur tribord et bâbord, mais on incline de ce côté et bientôt apparaît, derrière un promontoire, une baie assez vaste, médiocrement abritée, sur le flanc de laquelle s'étagent les blanches maisons à terrasses qui donnent à Tanger l'aspect, en moins pittoresque, d'un petit Alger. Vers le nord, la citadelle domine la ville, tandis qu'au sud de hautes dunes de sable semblent en vouloir ronger les bords. Tanger n'est pas un port, ce n'est qu'une rade avec plage d'échouage, au milieu de laquelle on a élevé une modeste mais précieuse estacade pour faciliter le débarquement, toujours fort désagréable quand le bateau reste au large. Le moindre incident, pour ne pas dire accident, qui puisse vous arriver, c'est de recevoir quelque paquet de mer... on en est quitte pour se sécher. Une fois le pied sur le sol de l'Afrique, on passe à la douane, peu gênante, de l'empereur du Maroc. De suite l'aspect charme le voyageur par l'attrait de la nouveauté et l'originalité, surtout s'il ne connaît ni l'Algérie ni la Tunisie. Passant sous des portiques à arcades surmontés de terrasses où s'allongent alignés les longs cols sombres de vieilles caronades, suffisantes encore pour saluer quelque navire de guerre étranger, on monte doucement par des rues ou plutôt ruelles mal pavées, garnies de maisons arabes; mais, malgré leur aspect pittoresque, elles sont loin de rappeler les curieuses grimpettes de la Kasbah à Alger. La rue principale, fortement modernisée avec des banques et établissements de commerce européens (il y a jusqu'à un vrai café), présente une grande animation, surtout à certaines heures; on y coudoie une population des plus cosmopolites, où l'élément européen est fort important puisque l'on compte une dizaine de mille d'étrangers, parmi lesquels les Espagnols dominent et de beaucoup. Il y a aussi un nombre assez influent de nos compatriotes. On trouve naturellement des Juifs, faisant le commerce de l'argent... Où n'en trouverait-on pas?

Tanger n'offre qu'un médiocre intérêt au point de vue monuments. C'est ainsi qu'on peut citer, pour mémoire, la grande mosquée, avec son minaret carré revêtu de faïences aux jolis tons verts. Plus intéressante est la Kasbah, de laquelle on jouit d'un beau coup d'œil sur la ville. Elle renferme, entre autres, le palais de Justice à colonnes romaines, et le Trésor, précédé d'une modeste colonnade mauresque. C'est là que, dans une chambre à porte de fer bien cadenassée et munie d'énormes verrous, on enferme les recettes de la douane et autres. Il passe ainsi un certain nombre de millions, si l'on songe que le commerce de Tanger représente seul de douze à quinze millions par an. A côté, est la demeure du Gouverneur, que nous avons aperçu sur... son trône! Tout proche, réside le sous-gouverneur. D'autres bâtiments sont affectés à l'usage de harem. Mais il nous faudrait passer la plume à une aimable voyageuse, car... pauvres hommes que nous sommes (je parle des voyageurs), la porte de ces... retraites nous est hermétiquement fermée! Citons aussi la prison, où sont enfermés des malheureux chargés de fers, qui fabriquent, non des chaussons, mais des paniers ou de menus objets qu'ils ont le droit de vendre. Ce sont des condamnés pour faits divers, car il est encore des supplices ordonnés dans ce pays à demi barbare; c'est ainsi que l'on coupe tout le poignet aux voleurs ou qu'on leur ferme la main en la ficelant de façon à ce que les ongles en poussant pénètrent dans les chairs; mais n'insistons pas sur un aussi triste sujet, car l'époque n'est pas encore bien loin de nous où l'on pendait les têtes des vaincus aux portes de la ville; le sultan, qui n'aime pas les Juifs, les leur faisait saler, et une fois, paraît-il, il leur en aurait fait envoyer une centaine à préparer pour le jour de Pâques!! Voilà certes de singuliers œufs!

Pour changer de sujet, allons donc faire un tour en ville, sous la conduite d'un indigène plus ou moins dépenaillé, à travers le dédale des ruelles, passant sous des arcades et des voûtes sombres. De emps à autre, c'est un café maure duquel sortent des sons bizarres (quelque monotone mélopée) venant rompre le silence du lieu; pénétrons-y... La salle, où sont accroupis des indigènes marmottant à mi-voix, ou jouant aux cartes, ou perdus dans des rêveries béates en face d'une tasse de café, est décorée en couleurs gaies, et souvent des vases ou des plats sont accrochés aux murs ou ornent les tablettes, tandis que, dans un coin, est la bizarre cuisine de l'établissement, où se confectionne le noir breuvage distribué, comme on le sait, dans des sortes de godets... Mais nos lecteurs connaissent tous cela. Le soir, le spectacle est peut-être plus original, lorsque la scène est éclairée par des lampes fumeuses appendues au plafond, à moins que ce ne soient des... lampes électriques (car Tanger a l'électricité). O progrès, voilà bien de tes coups!

Par-ci, par-là, ce sont d'autres échoppes ou magasins, boutiques d'armuriers où l'on peut choisir un de ces curieux poignards recourbés, parfois en argent, au fourreau et manche finement travaillés et que l'on nomme « goumia », et où sont accrochés de longs fusils plus ou moins riches, des poires à poudre, etc... ou bien encore des marchands de plateaux, d'aiguières ou de sacoches en cuir avec des parties brodées de harnachements... que sais-je encore? Malheureusement, on voit aussi des enseignes et réclames par trop modernes, des affiches de grands magasins (du Printemps entre autres), des boutiques d'épiciers, de marchands de tabac, d'horlogers; et, à ce sujet, il paraît que les locations sont élevées comme prix (surtout dans la grande rue). Mais tout cela n'a qu'un médiocre intérêt à côté du spectacle qu'offre le Zocco ou marché.

C'est surtout le jeudi ou le dimanche que le grand marché, qui se tient aux portes de la ville, est animé. Il présente alors un grouillement des plus pittoresques; marchands et acheteurs paraissent plus loqueteux les uns que les autres; il y a là une exhibition de gandouras (ce vêtement ample qui a survécu à travers les siècles) des plus curieuses; on en voit de toutes les couleurs, dans tous les états (les plus vieilles sont les plus précieuses pour l'artiste). Hommes, chevaux, ânes, mulets, chameaux, se bousculent à l'envi, et c'est à coups de coude ou même de canne qu'on se fraye un passage au milieu de cette foule inoffensive. Les étalages sont parfois plus ou moins maltraités vu l'affluence du public, mais en général ces denrées, auxquelles nous n'oserions toucher, n'ont pas grand'chose à craindre; ce sont surtout des graines, des légumes secs, des dattes, etc. Il va sans dire qu'on ne vend pas que des animaux morts, mais bien aussi sur pied. Enfin, à la foule se mêlent des malheureux de toutes catégories, aveugles, estropiés, chanteurs, conteurs, etc.; certains portent la lance, parfois en forme de trident, et le chapelet. La grande attraction, pour le touriste, est le prestidigitateur et surtout le charmeur de serpents. C'est aux accompagnements d'une modeste flûte et d'un tambourin que le charmeur exhibe d'un sac quelques reptiles par lesquels il se fait mordre; mais ce spectacle, peu récréatif, ne vaut pas, à notre avis, le truc de la paille qu'il fait fumer en l'approchant de ses lèvres et qu'il finit même par faire flamber sans qu'il y ait apparence de feu sur lui. Ce curieux exercice aurait sûrement du succès dans une exposition; c'est là une réflexion qui nous est venue naturellement en le voyant.

A côté du Zocco, à l'entrée de la ville, est le marché couvert, fort pittoresque également, avec ses étalages de boucherie et autres... Mais on n'en finirait pas...

Aux portes de la ville, de misérables agglomérations de huttes en branchages, plus ou moins entourées de maigres jardinets, figurent des villages marocains.

Aux environs, sans aller jusqu'à Tetuan, on peut, par des sentiers plus ou moins frayés, faire de jolies promenades, qu'il ne faudrait cependant pas comparer à celles de la banlieue d'Alger. Les plus classiques sont celles du mont Washington et surtout du cap Spartel, cette dernière demandant plusieurs heures. A la pointe du cap, extrémité africaine, se dresse un phare, tour carrée à feu blanc fixe, d'une précieuse ressource pour les marins.

Ne quittons pas Tanger sans dire que le pays est, au point de vue postal, desservi par plusieurs grandes nations européennes, le sultan du Maroc n'ayant pas d'administration des postes et télégraphes à proprement parler.

Après avoir jeté un dernier regard à la terre d'Afrique, nous saluons la côte espagnole où apparaissent bientôt quelques rares agglomérations de blanches maisonnettes au-dessus de lumineuses falaises. Encore quelques tours d'hélice et les maisons de Cadix apparaissent, surmontées de leurs belvédères et dominées par les tours et coupoles des églises au-dessus des remparts et des batteries, car on n'ignore pas la situation stratégique de ce port, menacé un instant par la flotte américaine, qui n'aurait du reste trouvé qu'une résistance impuissante si elle s'était présentée.

On est à peine débarqué que l'on subit une nouvelle visite de la douane et de l'octroi municipal (c'est là une opération toujours peu agréable).

Cadix, avec ses rues étroites, tirées au cordeau, sortes de longs corridors au haut desquels le ciel fait une longue traînée bleue, n'offre au touriste qu'un intérêt médiocre. Possédant une cathédrale du XVIIIe siècle, dans la sacristie de laquelle on peut voir quelques riches objets du culte, une église qui renfermerait les dernières œuvres de Murillo, victime d'une chute mortelle, Cadix offre une agréable promenade le long des remparts, surtout dans la partie où se trouve le casino. En ville, le square de la Pena présente de jolis échantillons exotiques. Dans les rues, aux miradores superposés avec des balcons parfois en fer forgé et de style, ainsi que les portes grillées des patios au travers desquelles on peut jeter en passant un indiscret regard, des boutiques montrent des étalages variés, souvent bien parés, surtout dans la calle Tetuan, le quartier de l'élégance, où on vient se promener le soir sous les regards des membres des cercles en vitrine..

A la sortie de Cadix, on traverse une région de marais salants, en suivant une longue bande de sable, qui nous a rappelé certains paysages bretons des bords de l'Océan.

Des petits ports, comme celui de Puerto Real et de las Marinas, nous rappellent le voisinage de la mer. Puis c'est Xérès, avec ses caves et ses entrepôts, dont beaucoup sont malheureusement anglais.

La vieille locomotive, il nous en souvient, qui nous traînait en sonnant la ferraille, n'avait pas volé sa retraite, et quoique venue mourir en Espagne, après avoir roulé en Belgique et en France, elle nous a cependant mené à bon port à Séville.

SÉVILLE

Ce nom sonne aux oreilles de plus d'un touriste comme un agréable écho de certains jours dont le souvenir semble ineffaçable; pour la plupart de ceux qui s'intéressent directement ou indirectement aux voyages, il éveille la curiosité et le désir de voir ces fameuses cérémonies religieuses qui se sont perpétuées à travers les siècles. Mais n'anticipons point.... et ayons d'abord une idée de la ville.

Si Séville a tant d'attraits pour les touristes qu'elle reçoit chaque année par milliers, ce n'est pas, en tous cas, pour son climat, supportable l'hiver, mais atroce l'été, elle jouit, en effet, de la réputation d'être une ville des plus chaudes d'Europe. Ajoutez à cela une des plus sèches..... traduisez des plus poussiéreuses; mais peu importe; avec ses 150.000 habitants, elle a les allures d'une grande ville, quoique les larges et belles voies fassent défaut. Les rues sont, en général, tortueuses et étroites, et les maisons n'ont pas de caractère particulier; mais, si certaines de ces dernières sont peinturlurées d'une façon amusante comme couleurs, par contre, les demeures privées possèdent, d'ordinaire, le patio, cour classique intérieure; pour la plupart décorées de plantes, ornées parfois d'un petit bassin, elles apparaissent fraîches et discrètes au travers de gracieuses grilles, qui semblent être l'objet d'un soin tout particulier. Certaines comportent un cloître aux colonnes de marbre, comme celui, justement réputé, de l'hôtel de Madrid, tout garni de plantes exotiques. L'hôtel possède, du reste, aussi, une belle salle à manger, luxueusement décorée dans le goût mauresque.

Séville, de plus, est un port, quoique situé à près de cent kilomètres de la mer, d'une importance secondaire, il est vrai, mais où viennent encore des navires de 1000 à 1200 tonneaux. C'est dire qu'il y a un certain mouvement commercial et que Séville est un centre industriel.

Les érudits attribuent à Hercule la fondation de la ville..., ne les contrarions pas pour si peu et, sans suivre les péripéties de l'histoire de la ville, disons que Séville est la reine de l'Andalousie, cette contrée que nous venons de parcourir, dont la gloire a été chantée par les poètes, et dont les vestiges des splendeurs passées rappellent l'apogée de la puissance mauresque qui a, on peut dire, transformé la région. Puisque nous avons prononcé le mot Andalousie, si classique, rappelons que ses habitants, ont, en général, une grâce particulière, les femmes spécialement, cela va sans dire ; mais, c'est aux poètes à rimailler... Le dialecte du pays évoque des réminiscences arabes ; enfin, Séville compte parmi ses enfants des hommes célèbres, des artistes de génie comme Murillo et Vélasquez.

Dans notre promenade à travers la ville, ce qui nous frappera, ce sera le nombre et le luxe des boutiques de barbiers ; ainsi s'explique-t-on que ce titre du *Barbier de Séville*, de Beaumarchais n'a rien que de très logique. Il y a aussi des cafés, dont un surtout, fort vaste, dans la rue Serpies, rue étroite, sans trottoirs, où se porte le monde en foule. Là aussi, nous retrouvons les cercles en boutique, entre de modestes établissements de consommation où sont affichés des « aperitivos » qui nous ont paru peu usités.

Quelques places aèrent agréablement la ville, comme la grande esplanade, qui s'étend devant l'Hôtel de Ville, garnie de bancs et décorée d'arbres où le palmier alterne avec l'oranger. Toute proche, est celle de la Constitution, où l'on dresse des estrades pendant la semaine Sainte, pour le défilé des Processions.

Comme d'habitude, commençons par le principal monument; nous avons dit: la cathédrale, ou plutôt le massif de constructions qui reposent sur un soubassement élevé de quelques marches et entouré de colonnes antiques, reliées entre elles par des chaînes et formant comme une gigantesque balustrade. En effet, jetons un coup d'œil sur le plan ; c'est d'abord, la belle cour des Orangers ou le patio de los Naranjos, orné de fontaines, ancienne cour de la mosquée, et dans laquelle on pénètre par la porte « del Perdon ». Le Segrario qui occupe un côté de la cour est une église indépendante administrativement, renfermant les sépultures des archevêques de Séville, tandis que vis-à-vis, est la bibliothèque Colombine, où l'on conserve précieusement les livres d'étude de Christophe Colomb, annotés par ses frères et lui, un ouvrage de Marco Polo, également annoté en marge par le grand navigateur, puis des cartes géographiques, une bible du XIVe siècle, un livre d'heures du XVe siècle, des missels de Hurtado de

Mendoza et d'Hispanero Clamado del Cardinale Gonzales de Mendoza, et autres précieux docucuments, chers aux bibliophiles. Sur la grande face de la cour se dresse la masse imposante de la cathédrale, dominée par la célèbre Giralda, la merveille de Séville, tour carrée, d'une hauteur de 70 mètres, d'où l'on jouit d'un beau panorama, il n'est pas besoin d'ajouter. Toute en briques, elle diminue au fur et à mesure qu'elle monte, mais d'une façon nullement choquante à l'œil, si bien qu'elle n'en paraît que plus élancée. Ses murs, très épais, sont percés d'élégantes fenêtres; enfin, on y monte par des pentes douces, divisées en vingt-huit paliers. Un élégant beffroi la couronne, servant de socle à une statue en bronze représentant la Foi.

Quant à la cathédrale, à proprement parler, divisée en cinq nefs, elle occupe l'emplacement de l'ancienne mosquée, et, commencée en l'an 1400, ce n'est que de nos jours, on peut dire, qu'elle fut terminée... et encore, puisque à la suite d'un tremblement de terre récent (1888), une bonne partie du plafond s'étant écroulée, elle est en réparation. A la porte, située près de la Giralda, est appendu un crocodile en bois, synonyme de prudence, ainsi qu'une dent d'éléphant, emblème de force, de protection, et qui ne signifie heureusement pas pour les touristes..... (qu'on nous pardonne le jeu de mots)... défense d'y voir! De vastes proportions, puisque l'édifice mesure environ 150 mètres de longueur, sur près de 80 mètres de largeur, et plus de 40 mètres de hauteur, il présente un beau vaisseau bien éclairé, comparativement aux églises espagnoles, en général, par trop sombres souvent et fraîches comme des caves; ce dont il faut se méfier.

Derrière une grille monumentale, se dresse le principal retable, tout en bois sculpté et peint. On peut en voir d'autres dans les diverses chapelles, qui renferment, aussi, des tableaux de maîtres, parmi lesquels un *saint Antoine,* célèbre par le vol dont il a été victime (un Américain ayant découpé la tête dans la toile); il est vrai que le bon saint a retrouvé depuis son chef. Une partie du Coro offre des décorations riches en marbre. Au fond, la chapelle royale, avec un beau vaisseau Renaissance abrite, derrière une grille imposante, divers tombeaux et la châsse en argent doré de saint Ferdinand, qui dort son dernier sommeil, dans son armure de combat et vêtu du manteau royal. A cette vue, nous ne pûmes nous empêcher de songer, que le souffle révolutionnaire, qui avait passé sur notre chère patrie, avait emporté tous les pieux souvenirs, si intimement liés à l'histoire de notre belle France! Dans la salle capitulaire, de curieuse forme elliptique, on peut aussi admirer une *Assomption* de Murillo et Goya. Dans la sacristie, ce sont des reliquaires plus ou moins riches et des ornements sacrés, chasubles et objets du culte, parmi lesquels un beau calice de Clément XIV. Enfin, il paraît que la porte principale de la façade de la cathédrale, située devant la pierre tombale sous laquelle repose le fils du grand Colomb, un des bienfaiteurs du monument, ne s'ouvre que pour la famille royale. Nous oublions les vitraux, aux jolis et riches coloris anciens, qui garnissent la plupart des baies de ce beau temple de la religion catholique. Malheureusement, l'étranger, le français surtout, dont le clergé a d'ordinaire une tenue si digne, est frappé du laisser-aller des prêtres et surtout des diacres, sous-diacres et enfants de chœur..., il paraît que c'est le climat qui veut cela! Les chanoines avec leur camail et leur hermine ont, par contre, souvent noble et imposante tournure.

Un massif édifice, qui se dresse à côté de la cathédrale, la Longa, coiffé aux angles de petits pyramidons, renferme les archives des Indes..... Que de vieux papiers d'un intérêt fort relatif! Néanmoins, nous avons aperçu quelques autographes précieux de Charles-Quint, Fernand Cortès, Pizzaro, Philippe II, Isabelle la Catholique, et autres, qui auraient ravi bien des collectionneurs.

C'est derrière que se dressent les tours et remparts crénelés du fameux Alcazar... délices des rois Maures, comme le baryton le chante dans l'opéra de *la Favorite*. L'aspect extérieur en est peu imposant. A l'intérieur, la demeure des rois ou plutôt ce qui en subsiste consiste en quelques cours et salles diverses. C'est la cour des Doncelles, avec son encadrement de colonnes en marbre blanc, supportant de gracieuses arcades mauresques. La partie basse est décorée de faïences aux jolis tons. Au centre, est une fontaine. Sur ce gracieux décor, ouvre le salon de Charles-Quint, le salon des Ambassadeurs, avec son dôme au riche plafond de bois ouvragé, richement décoré. A la suite, la chambre de la Sultane, puis, le charmant patio, dit: des Poupées, jadis harem où se prélassaient nonchalamment les belles favorites sur des moelleux sofas, ainsi que nous les montrent les chatoyants intérieurs de Benjamin Constant. Il y a là de jolis coins à prendre et des perspectives charmantes d'arcades dentelées. Au-dessous étaient les bains, longue voûte ogivale. Dans les jardins, garnis de plantes exotiques, au-dessous desquelles les palmiers balancent capricieusement leurs hautes tiges, se dresse un pavillon garni de beaux carreaux de faïences, délicieux coin de repos. Au résumé, l'Alcazar n'a pas volé réputation, mais nous lui préférons l'Alhambra de Grenade.

On ne saurait quitter Séville sans jeter un coup d'œil sur le Musée et surtout le curieux et très spécial palais dit : Casa de Pilatos. Le premier, qui ne renferme pas moins de vingt-quatre œuvres capitales de Murillo, parmi lesquelles certaines absolument hors de pair, comme *la Vierge et l'Enfant Jésus*, contient aussi des débris archéologiques intéressants, comme de vieilles faïences et surtout des objets de l'époque romaine provenant des ruines de la ville abandonnée d'Italica, qui dresse encore dans la plaine des fragments d'aqueducs, de bains et d'amphithéâtre.

Le second édifice, propriété actuelle du richissime duc de Medina-Cœli, passe pour une soi-disant reproduction de la demeure de Pilate à Jérusalem ; c'est en tout cas la fantaisie d'un grand seigneur original. De la cour d'entrée, on passe dans une deuxième, beau patio à arcades bâtardes et au centre de laquelle quatre dauphins, soutenant le buste de Janus, forment le motif d'une fontaine à vasques. Deux étages se superposent avec différentes salles sur trois côtés. Ce qui fait leur intérêt tout particulier, ce sont les superbes faïences en relief, aux dessins variés de chatoyants et harmonieux coloris qui garnissent les murs, donnant l'illusion de riches tapisseries ou tentures, avec des bordures et portant des armoiries où brillent des émaux d'or; c'est d'une grande richesse et c'est là une décoration murale peut-être unique. Il en est de même de l'escalier, avec son plafond voûté tout en bois, où les panneaux variés alternent, rivalisant dans leurs belles colorations où le vert semble dominer. Une sorte de cloître ouvert sur le jardin détache la silhouette de ses arcades sur le fond de verdure. Nous pourrions aussi citer : les palais de San Telmo, flanqué de quatre vilains toits pointus aux angles, mais qu'accompagne un parc planté d'une façon variée, et du duc d'Albe, qui renferment de bonnes toiles, ou autres encore; la manufacture des Tabacs où travaillent les petites cigarières à l'œil noir, une fleur dans les cheveux... (voir *Carmen*), et des couvents, tels Santa Paola, Santa Clara et surtout la Caridad, hôpital dans la chapelle duquel nous avons admiré de grandes œuvres de Murillo.

La plaza de Toros se trouve en ville, près du fleuve, sur lequel se dresse la vieille tour à pans dite del Oro, qui s'élève sur les bords du Guadalquivir, ce fleuve capricieux semé de bancs de sable. Les arènes sont vastes et le coup d'œil de la foule aux couleurs grouillantes, éclatant sous l'azur foncé du ciel, est toujours un beau spectacle. Nous n'avons pas l'intention, ami lecteur, de vous décrire une de ces courses de taureaux que vous connaissez. Rassurez-vous ; nous vous rappellerons seulement les diverses phases d'une course. Le cirque, violemment éclairé par parties (puisqu'il est divisé en *sole* et *sombra*), est plus ou moins garni, tant aux grada (galeries) qu'aux palco (loges) ou même aux tenderos (gradins de pierre) ; l'heure sonne (quatre heures généralement), deux cavaliers (alguazils) vêtus de noir viennent saluer la tribune officielle où se tient l'alcade... en chapeau haut de forme, ô horreur !

Il jette la clef du toril. Puis c'est le défilé de la quadrilla ; en tête les matadores avec leurs capas, puis les banderillos et les picadores, tous richement vêtus, comme on le sait, suivis des mules harnachées qui tout à l'heure emporteront chevaux éventrés et taureaux morts. La porte du toril s'ouvre au son de la musique qui donne le signal des divers exercices ; le taureau en sort. Ce sont d'abord les passes de manteau, le jeu des cavaliers armés de la lance qui présentent le cheval au taureau. N'insistons pas sur les éventrements...

Les banderillos s'avancent à leur tour, souples et gracieux, enfin, c'est la mort qui sonne; elle se fait parfois attendre et ce n'est pas souvent à la première estocade que le toreador tue la bête, que bien souvent il faut achever d'un coup de poignard. Nous n'ajouterons rien sur les manifestations bruyantes du public que personne n'ignore.

Enfin, nous proclamerons que, quoiqu'on en dise, malgré le dégoût provoqué par la vue des chevaux traînant leurs entrailles, il serait fort regrettable pour un touriste de n'avoir pas assisté à un spectacle de ce genre, ne serait-ce que pour le coup d'œil.

Le complément de la course de taureaux est la visite faite la veille au parc, garni de fossés et de pieux, dans lequel sont emprisonnés les taureaux qui doivent courir. Tout le monde s'y presse, riches et pauvres, et c'est pendant des heures un défilé de voitures plus ou moins élégantes, de cavaliers plus ou moins select, sans parler des plus modestes piétons. A Séville, c'est au delà de la promenade publique de Las Delicias; il nous souvient que nous nous y sommes rendus conformément aux usages locaux.

Mais ce sont maintenant les cérémonies de la semaine sainte dont il nous faut parler.

A cette époque, Séville est envahie non seulement par des Espagnols venus des quatre coins de la péninsule, mais aussi par des touristes, on pourrait dire, appartenant à toutes les nationalités. Il s'en suit que les hôtels, les plus modestes fondas ou simples auberges, sont bondés malgré le renchérissement des prix qui doublent souvent, et cependant les cérémonies, quoique fort intéressantes, n'ont pas le caractère de piété et de ferveur que l'on serait tenté de leur supposer. Il parait vraisemblable qu'à divers points de vue dont le but est par trop mercantile, tous les efforts tendront à les perpétuer, mais elles perdront de plus en plus de leur physionomie particulière, et les touristes finiront peut-être par ne plus y attacher autant d'intérêt.

Pour ceux de nos lecteurs qui ne les connaissent pas, nous en dirons deux mots.

Ces cérémonies consistent, pour le public spectateur, en processions (pasos), faites par les nombreuses confréries des paroisses de la ville se rendant des églises diverses à la cathédrale et réciproquement ; elles ont lieu tout à fait à la fin de la journée, et même une partie de la nuit, et plus spécialement les mercredi, jeudi et surtout le vendredi saints. On se presse naturellement sur leurs parcours, comme pour le défilé d'une cavalcade quelconque, et l'aspect de la rue est le même avec le public assis ou debout sur les chaises, toutes les fenêtres et balcons étant garnis de spectateurs ; ces places se louent, du reste, souvent fort cher. Le grand centre est la place devant la mairie où sont dressées de vastes estrades ; mais le défilé est long, irrégulier, et il faut rester des heures sans bouger. Aussi nous conseillerons de ne pas adopter de place fixe, d'autant plus que le défilé se disloque souvent et qu'on rencontre alors une quantité de processions à travers la ville. En réalité, ce ne sont pas des chars, mais des plates-formes au poids pesant, en bois sculpté et doré généralement, sur lesquelles sont placées des figures de cire représentant des personnages sacrés ou des groupes (scènes de la Passion), le tout fortement illuminé et abrité sous un dais; il y a là des figures de la Vierge célèbre (la Merced), du Christ, des saints, etc... vêtues parfois très richement et parées même d'ornements et de bijoux précieux, pieux cadeaux ou simples prêts faits par les élégantes dévotes. Ces sortes de chars sont portés sur les épaules d'hommes dissimulés sous des draperies et, de temps à autre, on leur accorde quelques instants de repos qu'ils mettent à profit pour griller une cigarette ou se rafraîchir... prendre un verre (comme on dirait chez nous). Les confréries sont représentées par des hommes nombreux vêtus de cagoules, amples robes de couleurs sombres (surtout noir ou violet), surmontées d'un haut bonnet pointu de magicien où deux trous sont percés à la hauteur des yeux. Ils portent des insignes, des trompettes, des bannières ou des cierges pour la plupart. On voit aussi des guerriers romains, vrais comparses de théâtres. Des musiques civiles et militaires prêtent leur concours, jouant des marches funèbres, tandis que l'armée fait la haie. Quelques autorités accompagnent d'ordinaire le clergé qui suit les chars.

Telle est sommairement la description de ces fameuses Processions. Mais il faut ajouter que ce spectacle prend une physionomie particulière lorsqu'il est vu à la lueur tragique des torches et des milles bougies et cierges et qu'alors le cortège semble un immense serpent de feu circulant à travers la ville. Il ne faut pas omettre, non plus, les milles petits incidents qui viennent se greffer sur la scène générale et ne manquent parfois pas de cachet ou d'originalité.

Comme on le voit, il y aurait beaucoup à dire sur ce sujet, mais notre intention est de ne pas trop nous écarter de la route que nous nous sommes tracée, aussi nous n'entrerons pas dans d'autres considérations qui nous entraineraient trop loin.

Quant à la célèbre foire de Séville, qui a lieu aux fêtes de Pâques, elle dure trois jours et se tient à la porte de la ville, au delà des jardins de San Telmo ; c'est une occasion de divertissements de toutes sortes et comme la contre-partie des cérémonies religieuses ; c'est ainsi que, chez les musulmans, les fêtes succèdent au jeûne du Ramadan. Courses de taureaux, concerts, danses, surtout aux castagnettes, illuminations, etc..., rien n'y manque, et l'on s'en donne à cœur-joie ; les vins généreux, le Manzanila à la couleur d'or, coulent à flots, malgré la sobriété ordinaire des Espagnols ; c'est alors que leur caractère éclate, insouciant, superficiel, ce qui n'exclut pas certaines qualités, comme le désintéressement ; ils se marient, par exemple, sans courir après la dot (usage malheureusement trop français) ; ils traitent, il est vrai, un peu la femme en arabe, et alors, cette dernière, vivant nonchalamment dans l'intérieur, s'empâte vite, ne sachant à quoi tuer le temps par son manque d'instruction. La femme espagnole, femme de bonne heure (on a vu des exemples d'une précocité extraordinaire), perd bien vite sa fraîcheur et devient forte et épaisse. La vieillesse, d'une façon générale, est, du reste, souvent prématurée, la moyenne de la vie étant plus courte qu'en France.

Nous devons aussi, en cicerone consciencieux,

signaler, avant de quitter la patrie des belles Sévillanes (car nous en avons vu), une promenade intéressante au faubourg de Triana, situé au delà du pont d'Isabelle II. Il y a une église à voir, et surtout la fabrique de faïencerie de la maison anglaise Pickmann et Cie à visiter. Occupant plus de douze cents personnes, elle est installée dans un ancien couvent de Chartreux, où l'on retrouve encore la chapelle, le réfectoire, transformés en magasins ; dans ce dernier, au lieu de vaisselle plate, nous y avons vu des piles d'un vase à anse d'un usage commun, qu'on ne trouve pas d'ordinaire dans les salles à manger... A côté des pièces communes, nous avons remarqué quelques vases ou plats artistiques, décorés avec goût par des artisans de talent ; mais nous ne sommes pas chargé de faire de la réclame pour la maison, d'autant plus qu'elle est anglaise.

La distance qui sépare Séville de Cordoue est peu considérable, et quelques heures à peine suffisent pour la franchir, même à la vitesse des trains espagnols. On traverse une plaine cultivée, plantée d'oliviers, et dont les champs sont bordés d'aloès aux pointes redoutables. Par-ci, par-là, quelques-uns de ceux-ci, à la haute et belle fleur, semblent de gigantesques flambeaux à plusieurs branches, d'un effet vraiment si décoratif. C'est toujours la vallée du Guadalquivir, limitée à l'ouest par un chaînon montagneux, sur l'éperon duquel se dressent les ruines mauresques du château d'Almodovar.

CORDOUE

Encore un nom qui sonne agréablement à l'oreille du touriste. Cordoue, c'est le pays de la célèbre mosquée que nous allons voir. Jetant un coup d'œil sur la ville, à l'aspect provincial avec ses rues étroites, calmes et silencieuses, descendant au fleuve, bordées de maisons basses à l'intérieur desquelles un coup d'œil furtif découvre de jolis patios où quelques plantes vertes mettent

leur note décorative, ce sera de ce côté que le nouvel arrivé dirigera ses pas. Il passera vivement devant les rares églises à tours carrées ou rondes, devant des portes parfois intéressantes, bardées de clous à grosse tête, et traversera le marché, situé sur l'emplacement des anciennes arènes de taureaux, et où l'on vend des oiseaux comestibles, des chouettes entre autres, ou encore des grillons en cage, porte-bonheur, paraît-il.

Mais nous voilà au monument qui nous intéresse, et qui est comme la plus belle page d'histoire que puisse avoir une ville.

La cathédrale ou l'ancienne grande mosquée des Maures, fut d'abord un temple élevé à Janus, qui dut céder la place à une mosquée qu'Abd-er-Rhaman Ier résolut de faire la plus grande et la plus magnifique qu'on pût rêver. Elle comportait et comporte encore une grande cour rectangulaire plantée d'orangers et de palmiers, parmi lesquels les deux premiers qui avaient été introduits en Espagne au huitième siècle. Ses dimensions dépassent cent mètres sur cinquante et quelques mètres. Un ancien minaret la domine d'une hauteur de près de cent mètres, la tour de l'Alminar, au sommet de laquelle on accède par un étroit escalier, tour de belles proportions, mais qui ne saurait être comparée à la Giralda. A la suite est la Mosquée, dont les dimensions ne sont pas moindres de 167 mètres de longueur sur 119 mètres de largeur et 10 mètres de hauteur. A l'extérieur, elle présente une suite de murs aux tons jaunes culottés, couronnés d'une dentelure de créneaux. A l'intérieur, c'est une véritable forêt de colonnes, en en comptait jadis 1.200, et il en reste encore 850 réparties en 19 nefs d'un sens et 36 dans l'autre, c'est-à-dire qu'elles sont plus serrées en profondeur qu'en largeur. « Il vous semble plutôt, dit Théophile Gautier, marcher dans une forêt plafonnée que dans un édifice; de quelque côté que vous tourniez, l'œil s'égare à travers les allées de colonnes qui se croisent et s'allongent à perte de vue. » Malheureusement, toutes ces colonnes de marbre de provenances diverses, reliées entre elles par des arcades doubles avec les colorations blanche et rouge alternant gaiement, avec leurs chapiteaux variés, manquent de socle, la base disparaissant sous un sol postiche, qui malheureusement a masqué la mosaïque primitive. La remise en l'état primitif serait chose bien intéressante, mais fort coûteuse et qui entraînerait la démolition de l'église, construite à l'époque de Charles-Quint, au chœur de l'édifice. Cette œuvre, vandale au point de vue archéologique, est une église de belles proportions comportant un coro remarquable, avec 63 stalles tout en acajou sculpté du Mexique (les colonnettes sont toutes différentes), et l'exécution du trône de l'évêque comme des motifs est remarquable. Il y a là également un lutrin en bronze doré superbe, ainsi qu'un pupitre tournant portant de vieux missels enrichis d'enluminures. Devant le maître-autel est pendu un lustre en argent ne pesant pas moins de 280 kilogrammes. Une partie tout à fait curieuse, c'est le mihrab, avec ses dentelles et fines sculptures de marbre et son plafond en mosaïque. La décoration de l'arcade, où le rouge, le bleu et l'or jouent richement et la coquille de marbre d'un seul morceau formant le plafond, font de cet ensemble un véritable joyau artistique. Des chapelles collatérales sont également fort remarquables; enfin, dans d'autres parties de l'édifice, on trouve des variantes, fantaisies inspirées par quelque roi maure qui a voulu mettre du sien à ce temple unique. On resterait des heures entières à rêver sous ces voûtes, témoins de tant de scènes pittoresques; c'est ainsi que l'on retrouve les traces de figurines de Christ en croix qui seraient l'œuvre d'un chrétien enchaîné durant des années et qui aurait ainsi usé le marbre avec ses ongles, ou bien que l'on remarque l'usure de certaine colonne à laquelle les malades attribuaient des propriétés de guérison.....

Un souvenir, bien intéressant également, c'est le pont romain, dont l'origine remonterait à Octave-Auguste ; il est composé de 16 arches et sa longueur mesure près de 250 mètres. Ce qui ajoute à son originalité, car vers le milieu il est flanqué d'une logette, dont on devrait surveiller l'appropriation qu'en font les passants, et à laquelle fait face une statue de saint Raphaël, patron de la ville, surmontée d'une lampe électrique... ô progrès! — c'est que ce pont antique, le seul encore en service à travers les siècles, est protégé, à son extrémité opposée à la ville, par une sorte de petit château-fort à murailles crénelées dit la Calahorra, véritable décor d'opéra-comique. A l'heure présente, cette double tour est affectée au logement de la gendarmerie, la « guardia civile ». Auprès du pont sont des moulins. Tout proche également de l'arc de triomphe qui se trouve en tête du pont, est ce qui reste du célèbre Alcazar des Maures.

Ouvrant sur la place des Martyrs, ainsi désignée à cause des milliers de chrétiens qui y auraient été martyrisés par les Maures, l'Alcazar Viejo n'offre qu'un bien médiocre intérêt ; il ne consiste plus qu'en un jardin dont la fraîcheur est entretenue par des bassins où vivent en paix des poissons rouges, bassins affublés du titre pompeux de bains des Sultanes. De vieilles tours calcinées par le soleil et servant de prison, le dominent.

En ville, une autre porte de palais, portique monumental en ciment orné de sculptures et de figures, est encore un beau vestige romain.

Comme on l'a vu, la campagne des environs de Cordoue est luxuriante, et une des promenades recommandées est celle dite las Ermitas, à cause des ermites qui, paraît-il, habitent encore les hauteurs, mais il suffira de monter un peu au milieu des jardins d'orangers pour juger du beau coup d'œil qu'offre la huerta de Cordoue.

TOLÈDE

De Cordoue à Tolède, on monte sur un parcours assez accidenté, où il a fallu faire quelques travaux d'art. L'aspect du pays est plutôt désert et aride, c'est à peine si l'on aperçoit quelques petits étangs, à sec l'été, cela va sans dire, et des puits isolés auprès desquels quelques fermes. Au pas-

sage, apparaissent encore quelques silhouettes de moulins. En avançant, de légères traces de verdure se montrent, puis quelques vignes et des oliviers. Des norias prouvent que l'on cherche à tirer parti du sol. A l'horizon se montrent des silhouettes lointaines de montagnes, dont quelques-unes sont tachées de neige. Les inévitables gendarmes nous suivent toujours, et le touriste ne peut faire un pas sans les rencontrer; bien plus, il nous arrivera souvent de voyager avec officiers ou soldats, suivant la catégorie de compartiment qu'il aura prise. Mais voici la vallée plus riante du Tage, et bientôt se montre Tolède, avec ses flèches, ses dômes et ses tours, dominés par l'imposante masse de l'Alcazar.

Un simple coup d'œil jeté sur le plan de la ville fait concevoir son aspect des plus pittoresques; elle se dresse fièrement, superposant ses maisons sur une colline dont la base plonge dans les eaux du Tage, qui décrit une grande boucle en fer à cheval en coulant au fond d'une gorge étroite et sauvage. Deux ponts, comme on va le voir, la franchissent audacieusement.

Citons encore à ce sujet les paroles d'un auteur que nous avons déjà nommé, Théophile Gautier, et comme lui, admirons « la noble figure que fait Tolède assise sur son trône de rocher, avec sa ceinture de tours et son diadème d'églises; on ne saurait imaginer un profil plus ferme et plus sévère, revêtu d'une couleur plus riche et où la physionomie du moyen âge soit plus fidèlement conservée... »

L'intérieur de la ville ne le cède guère en pittoresque à l'extérieur, il convient d'ajouter, avec ses rues étroites, tortueuses, montant, descendant, ses petites places, ses terrasses perchées au-dessus de l'abîme au fond duquel gronde le torrent, et ses échappées sur le paysage environnant; aussi l'auteur que nous citions, ajoute, avec rais ,que Tolède tient à la fois du couvent, de la prison, de la forteresse et un peu aussi du harem, car les Maures ont passé par là.

Municipe romain, trois siècles avant notre ère, on voit que Tolède peut aussi se taxer d'une origine antique. Nous ne suivrons pas les phases par lesquelles a passé cette ville qui, quoique d'une importance relativement modeste, n'en offre pas moins un intérêt tout particulier. A peine débarqué, on est saisi par le spectacle qu'on a devant soi, et c'est avec étonnement qu'on franchit le torrent au pied des ruines pittoresques du château fort de San Servando, sur le beau pont d'Alcantara (encore un souvenir arabe), pour grimper vers la ville au galop de mules pomponnées tirant de lourdes guimbardes. De ce pont, précédé d'un portique et terminé par une porte fortifiée défendant l'accès de la cité, le regard plonge dans la gorge aux escarpements rocheux sur lesquels s'entassent maisons et terrasses, tandis que la vue s'étend à droite sur la vallée du Tage, qui s'élargit subitement. Au fond sont installés, sur un barrage de vieux moulins que l'on a transformés en usine électrique.

La visite de la ville débutera fatalement par la grande place Zocodover, qui ne manque pas de cachet avec ses maisons à balcons. C'est là que la société élégante et les jeunes élèves de l'École militaire se donnent rendez-vous. Ces futurs officiers, dans leur uniforme gris, d'aspect plutôt modeste, ont bonne tenue, et leur présence est un élément de gaieté pour la ville, il n'est pas besoin de le dire.

Mais quoi de plus amusant (pour beaucoup s'entend) que la flânerie un peu au hasard quand les circonstances le permettent..... c'est ce que nous allons faire. La haute tour de la cathédrale nous a attirés. Imposant par sa masse de belles proportions, cet édifice est flanqué d'un grand cloître ogival. On y voit à l'intérieur un riche retable en bois sculpté, une grille importante et une décoration remarquable des stalles du chapitre, sans parler du lutrin, du pupitre que nous retrouvons toujours. Ajoutez à cela des retables de chapelles, des tombeaux, des tableaux, un trésor, pour lequel il n'y a pas moins de six clefs confiées à six personnes différentes; c'est assez dire que ce monument religieux a sa place toute marquée parmi les grandes cathédrales espagnoles. Vis-à-vis est l'Hôtel de Ville et un coin de verdure sous forme d'un minuscule square. Dans une rue à côté, la belle porte de la Hermandad est un souvenir de l'Inquisition. L'art arabe a laissé des vestiges, comme l'église Santa Maria la Blanca avec ses arcades à chapiteaux en pomme de pin et une demeure privée. D'autres édifices ne sauraient passer inaperçus, comme Los Reyes, où un cloître d'un beau gothique est trop flambant neuf. Y attenant, un petit musée archéologique renferme de belles amphores et des débris de statues, d'un intérêt fort médiocre pour beaucoup. Chemin faisant, on nous montre les traces d'une maison incendiée..... une fabrique d'allumettes..... Ce n'est pas en France qu'on verrait pareil accident se produire dans les manufactures de l'État.

Dominant la ville, l'Alcazar est une vaste construction avec une grande cour carrée, sur laquelle donnent deux hauteurs de galeries de belles proportions. Au centre est une statue de Charles-Quint, dont le Palais va devenir l'École militaire, à l'installation de laquelle on était en train de procéder. Vers la partie basse de la ville, du côté opposé au torrent, on a édifié à diverses époques des moyens de défense, remparts et portes, comme la porte de Visagra, avec ses deux grosses tours, portant sur la façade l'aigle énorme à deux têtes de Charles-Quint, accompagnée d'un second portail à clochers carrés, et la belle Puerta del Sol, avec sa gracieuse arcade persane pratiquée dans la masse de briques rouges. Quant au pont fortifié de Saint-Martin, c'est un beau spécimen d'architecture militaire du moyen âge qui pourrait rappeler certains rares ponts que l'on trouve encore dans le midi de notre France.

Enfin, nous manquerions à tous nos devoirs, si nous omettions de parler de Tolède comme centre de manufactures d'armes. Cette réputation universelle s'est continuée à travers les siècles; la trempe de l'acier est exceptionnelle, et l'on ne saurait imaginer lames plus souples (pour en donner une idée il suffira de dire qu'on peut les expédier roulées dans une boîte!). On fabrique aussi des poignards, des couteaux, et depuis quelques années, de simples bibelots, manches de cannes ou parapluies, épingles de chapeaux, de cravates, etc., ciseaux, avec force damasquinage moderne..... articles pour touristes. Du reste, on ne les donne pas, tant s'en faut.

MADRID

Rien à dire du trajet entre Tolède et Madrid, si ce n'est qu'il est sans intérêt et que rien n'annonce les approches d'une grande ville, ni villages, ni maisons de campagne, ni usines, ni faubourgs..... Au loin apparaît la silhouette monotone piquée de blanc de la sierra de Guadarrama, dont la neige ne disparaît qu'au printemps; on franchit le Manzanarès, cette modeste rivière qu'on a tant plaisantée, depuis la boutade célèbre d'Alexandre Dumas, et l'on découvre alors la masse de la ville avec la grande façade du Palais-Royal et les coupoles, dômes et flèches annonçant une capitale. Telle se montre Madrid aux voyageurs arrivant du sud.

Nous demanderons encore au lecteur la permission de tracer un léger aperçu du passé et du présent concernant la capitale de l'Espagne.

Si elle n'est la plus belle des capitales de l'Europe, elle est du moins la plus élevée, puisqu'elle est à une altitude moyenne de 600 mètres, ce qui, du reste, ne rend pas son climat plus agréable, étant froid en hiver et très chaud et sec en été. C'est une vaste cité, puisqu'elle compte environ 25 kilomètres de tour avec une population d'un demi-million d'âmes. Il y a dix siècles, simple localité sans importance, la bourgade qui devait devenir capitale s'accrut progressivement sous le règne des souverains qui se succédèrent sur le trône d'Espagne, Philippe II lui assigna le premier rang qu'elle devait conserver parmi les cités espagnoles. Sa prospérité ne fit que s'accroître. Au début du siècle elle tomba aux mains de nos armées victorieuses qui n'y purent tenir. Ayant reconquis son indépendance, elle fut toujours fidèle aux rois constitutionnels. Ses embellissements datent surtout de la fin de notre siècle, et à l'heure présente, elle offre des quartiers neufs aux larges voies bien percées bordées de belles maisons modernes, des tramways y circulent en tous sens, elle est dotée de toutes les inventions modernes, télégraphe, téléphone, électricité; malheureusement, les conduits sont aériens et présentent cette gigantesque toile d'araignée qui couvre les toits des maisons, traversant les rues en tous sens, procédé né en Amérique, et qui, s'il est très pratique et économique, n'est malheureusement pas artistique.....

Prenons donc, si l'on veut, comme centre de nos pérégrinations à travers la ville, la célèbre Puerta del Sol, une grande place de 200 mètres de long sur 50 de large, qui est comme le cœur de Madrid, d'où part tout le réseau des artères, boulevards ou simples rues. C'est le point de départ des principales lignes de tramways électriques, à chevaux ou à mules. Une grande animation y règne et la circulation y est maintenue par des agents de police à la sombre tenue rappelant un peu celle de nos gardes-forestiers. Beaucoup ont la poitrine plus ou moins chamarrée de rubans de couleur et de croix. Les maisons en bordure n'ont aucun cachet particulier, ce sont des hôtels, des maisons de banque, etc., et à rez-de-chaussée, quelques cafés n'ont rien de bien luxueux comme installation. Des marchands ambulants, des aguadors (marchands d'eau), se tiennent sur les trottoirs, tandis que des crieurs, tout comme chez nous, vous hurlent des journaux dans les oreilles. La principale voie est la calle de Alcada, qui va en s'élargissant et en descendant vers les boulevards dans la direction du Parc de Madrid. C'est là que se dressent quelques immeubles de belle apparence, comme l'hôtel de la Compagnie d'assurances *l'Équitable*, le ministère de la Guerre précédé d'un jardin, et plus loin, au coin du boulevard, la Banque d'Espagne. Cafés, toujours sans terrasse extérieure, restaurants, alternent avec les plus beaux magasins de la ville; pas de kiosques, d'aucune sorte..... malheureusement, qui encombrent les trottoirs, où se dressent, peu décoratifs, des poteaux télégraphiques. Les colonnes-affiches sont remplacées par des panneaux dont la singulière disposition ferait croire qu'ils sont réservés à un autre usage..... pour les hommes, s'entend. Si dans les cafés on passe des heures devant un verre de café que l'on coupe d'eau ou que l'on additionne de tafia (et qui paraît la seule consommation en usage), dans les petits débits de boissons dits refrescos on boit de l'eau dans laquelle on fait fondre des bonbons à l'orange, à l'orgeat, ou autres parfums dits azucarillos.

La voirie laisse en général fort à désirer, et le pavé en bois nous a paru manquer d'entretien, il forme souvent de véritables mares où les animaux peuvent s'abreuver à l'aise; cela n'empêche pas les voitures de rouler, plus ou moins cahotées, simples fiacres, voitures de maîtres ou lourds attelages traînés par de beaux bœufs à la démarche lente..... Mais regardons autour de nous, car il y a un certain nombre de monuments dont la visite semble obligatoire pour le touriste.

Le Sénat, par exemple, d'aspect simple, contient une salle de réunion elliptique décorée blanc et or, comportant deux cents cinquante places : fauteuils de velours à siège se relevant, mais rappelant trop la classique chaise percée..... Considérerait-on là-bas aussi les sénateurs comme gâteux. Chacun a son pupitre. Il y a également la loge royale et des tribunes pour le public. Enfin, de beaux tapis garnissent le sol. Comme dépendances on trouve les salons du président, des ministres, la bibliothèque, la salle des commissions. Toute proche est la grande place de l'Orient, ornée de statues et décorée de verdure, avec l'Opéra d'un côté, tandis que le Palais-Royal dresse sa longue façade à l'opposé.

C'est de beaucoup l'édifice le plus important de Madrid : il date de plus de cent cinquante ans et ne mesure pas moins de cent trente mètres de côté. La façade principale est précédée de la place d'armes. L'édifice, dont la construction a duré près de trente ans, aurait coûté, paraît-il, plus de quatre-vingts millions ; on peut juger par là de son importance. D'assez belle prestance, son architecture n'offre rien de particulièrement remarquable. Nous ne pourrons guère parler de l'intérieur, car il n'est pas visible pendant le séjour des souverains. Il renferme des salons richement décorés, comme celui des ambassadeurs, et un escalier monumental. La chapelle, de forme elliptique, est accessible au public. Elle n'offre, du reste, que peu d'intérêt. Vingt prêtres sont, paraît-il, attachés à son service. Des domestiques à houppelande à larges bandes d'or sont chargés de conduire les visiteurs, tandis que les suisses veillent aux portes, la hallebarde au poing Ils ont des paillassons sous les pieds comme un bureaucrate a son rond de cuir ou un chat de vieille fille a son petit tapis ou son coussin. Il faut les voir défiler superbes et compassés dans leur uniforme de suisse d'église, le tricorne sur la tête et l'épée au côté, emboîtant le pas à leur musique, excellente, du reste. La garde montante et la garde descendante attirent beaucoup de curieux chaque jour à onze heures, mais la Parade est une véritable cérémonie qui se passe dans la cour du Palais. La troupe qui vient relever la garde défile musique en tête et drapeau déployé; elle comporte infanterie, cavalerie et même artillerie, et la cérémonie est la même pour ceux qui viennent que pour ceux qui partent; ils vont au pas comme en une marche funèbre. et la musique est interrompue brusquement à diverses reprises par des appels stridents de trompette.

Attenant au château, sont les Écuries royales, pouvant contenir trois cents chevaux et près de deux cents voitures..... mais nous n'en finirions pas s'il fallait entrer dans le détail de ces descriptions.

Le musée des Armures (Armeria) mérite une mention toute particulière, et nous ne pouvons nous empêcher de signaler quelques-uns des chefs-d'œuvre qu'il nous a été donné d'admirer; c'est ainsi que nous citerons : les armures de don

Sébastien de Portugal, de Philippe II (celle-ci en argent), de Philippe IV, de don Juan d'Autriche, celle superbe de François Ier, de Charles-Quint, également toute ciselée ; des casques damasquinés, certains fort curieux, comme celui d'un roi d'Aragon, surmonté d'une chimère, d'autres avec masque, des boucliers superbes, pièces merveilleuses garnissant des vitrines, où l'on voit encore des arbalètes à rouet, des pistolets, une collection de fusils turcs et autres, des pièces historiques, comme l'épée du Cid, celle de Charles-Quint, l'équipement de campagne d'Alphonse XII, les épées ou glaives de Pisaro, Fernand Cortès, Isabelle la Catholique, et autres encore. On retrouve encore là la chaise de chasse de Philippe II, la chaise de voyage de Charles-Quint, et des souvenirs intéressants dont l'énumération serait trop longue.

Au Ministère de la Marine, un musée spécial parait délaissé, il ne manque cependant pas d'un certain intérêt avec ses modèles de bateaux de toutes les époques, et une suite instructive d'aquarelles : « la Marine à travers les âges » ; on voit là des représentations curieuses des vieilles galères, nefs à voile, qui ont battu les mers pendant des siècles. C'est une leçon d'histoire. Pour mémoire, citons les modèles de genres variés, et surtout des spécimens en réduction de la pauvre flotte espagnole. On conserve assez précieusement les reliques historiques d'objets et de vêtements ayant appartenu à Fernand Cortès, à Alphonse XII et à des amiraux célèbres, sans oublier de nommer Christophe Colomb et don Juan d'Autriche.

En terrasse, aux pieds du Palais-Royal, s'étendent les jardins, séparés par la rivière des jardins privés que l'on ne visite pas facilement. Toute proche est la gare du Nord, point de départ de la ligne pour la France, comme au sud de la ville est la gare d'Atocha, terminus des voies ferrées desservant toute la partie basse de l'Espagne. Ces grandes halles n'ont, du reste, aucun intérêt.

C'est vis-à-vis la place d'Armes que doit s'élever la Cathédrale à laquelle on travaille depuis des années. Toute proche est l'église San Francisco la Grande, sorte de Panthéon national. Sa forme consiste en une vaste coupole, qui dépasserait comme dimensions celle de Saint-Pierre de Rome, elle est rehaussée de dorures et peintures et flanquée de chapelles. Nous ne voyons pas grand' chose à dire de l'église San Isidro, l'ancienne cathédrale où fut couronné Alphonse XII.

Madrid possède ses halles centrales, qui, certes, ne manquent pas d'animation à certaines heures, mais que l'on ne saurait comparer à celle de notre colossal marché parisien.

Dans la vieille ville, un ensemble qui rappellerait un peu notre place des Vosges, est celle dite de la Constitution ou place Mayor, avec un square au milieu. De forme carrée, elle présente une suite de galeries à pilastres avec des façades formant un tout architectural. Sur un côté, un motif central est flanqué de tours aux toits pointus. Des peintures décorent cette façade, à l'une des fenêtres de laquelle se tenait, rapporte l'histoire, Philippe II lors des massacres qui ensanglantèrent son règne. C'est, en quelque sorte, le pendant de la célèbre fenêtre du Louvre sur le quai.

Laissons l'Histoire pour nous délasser un peu de la visite de la ville, en gagnant les quartiers riches, les boulevards, où s'élèvent les demeures, plus ou moins somptueuses, de la haute classe madrilène, et l'avenue du Prado principalement, où nous reviendrons tout à l'heure. Dans le prolongement de la calle d'Alcala s'élève un arc de triomphe dont nous ne dirons rien; en suivant toujours tout droit, nous atteindrions les monumentales arènes mauresques de Madrid, avec leurs vastes gradins de pierre surmontés de deux étages de loges couvertes; mais arrêtons-nous au jardin de Buen Retiro, lieu de plaisir, sorte de casino, et allons voir ensuite défiler les équipages à l'heure de la promenade dans le Parc de la ville, don d'un noble fils d'Espagne à la capitale de son pays. Comportant un jardin zoologique, une pièce d'eau, des palais, comme cette vaste cage en fer et verre dite Palais de Cristal, il ne saurait cependant, cela va sans dire, songer à soutenir la comparaison avec notre merveilleux bois de Boulogne parisien, unique en son genre. Quoique entretenues, les allées nous ont paru fort poussiéreuses ou boueuses...

Parmi les palais auxquels nous faisions allusion il en existe un qui offre, ou plutôt offrait un intérêt particulier, celui d'Ultramar ou palais colonial, créé en 1888 par Alphonse XII, qui a su combler une lacune, ce dont nous n'avons pas encore été capables, puisque notre Musée colonial, disparu avec la chute du Palais de l'Industrie, n'a pas été reconstitué. Ce musée renferme des documents de toutes sortes fort instructifs, depuis des cartes, des plans en relief, des photographies, des modèles d'habitation, de bateaux indigènes, des armes et instruments divers, etc., jusqu'à des spécimens d'animaux, bêtes empaillées auxquelles on a fourré du camphre dans le nez pour les conserver, et des échantillons de plantes et produits les plus variés. Une bibliothèque poussiéreuse complète cette intéressante collection. A ce sujet qu'il nous soit permis d'ajouter que nous avons déjà personnellement entrepris une campagne pour la reconstitution du Musée colonial, et c'est avec satisfaction que nous avons appris que l'on songeait à s'en occuper : malheureusement, les débuts de cette œuvre si intéressante paraissent devoir être bien modestes.

Tout près du parc, un édifice à aspect de temple grec renferme une collection de moulages antiques. Faisons quelques pas de plus, et nous voici au célèbre Musée qui passe pour un des plus riches du monde en chefs-d'œuvre de peinture..... N'ayez nulle crainte, ami lecteur, notre intention n'est pas de vous énumérer les tableaux et encore moins de les étudier. La réputation des portraits de Vélasquez, de Ribera, des sujets de Rubens, de Raphaël, des compositions religieuses de Murillo, n'est plus à faire.....

Nous ne saurions insister également sur la belle collection de Primitifs devant lesquels nous avons passé de longues heures.

Sans offrir autant d'intérêt, le Nouveau Musée vaut bien aussi une visite. On y voit quelques bonnes toiles modernes dans des genres variés et de grandes compositions ayant trait à l'histoire de l'Espagne.

Derrière et faisant partie du même édifice, le

Musée archéologique renferme nombre de pièces intéressantes appartenant aux époques égyptienne, mauresque et autres. De plus, il y a des tapisseries de grand prix et des meubles de valeur.

D'autres musées publics ou privés renferment plus d'un chef-d'œuvre, comme l'Académie San Fernando, mais le commun des touristes ne pourra avoir la prétention de tout voir, le temps lui faisant défaut.

Chemin faisant, dans nos pérégrinations à travers la ville, nous n'avons pas été sans remarquer que les Espagnols ont aussi le culte des grands hommes et le désir de perpétuer leur mémoire par des images ; c'est ainsi qu'ils ont élevé des statues, des monuments même, comme celui de Christophe Colomb ; mais dans nos flâneries, bien d'autres choses, trop longues à décrire, malheureusement, nous auront encore frappés, études de mœurs plus ou moins pittoresques, observations de toutes sortes, pour lesquelles il faudrait non pas quelques lignes, mais des pages..... dont nous ne pouvons disposer.

Pour mémoire, citons les cimetières, qui rappellent celui de Barcelone, dont nous avons eu l'occasion de parler.

A côté du triste, il y a, heureusement pour les vivants, le gai, et Madrid possède aussi son contingent de distractions, théâtres et autres lieux de plaisir.

Comme promenade suburbaine, il y a la forêt u Pardo, entourée d'un mur qui ne mesure pas moins de cent kilomètres de longueur. Elle renferme un palais datant du seizième siècle. D'autres constructions à usages divers, sans compter les vingt-six pavillons de gardes, se dressent également dans cet immense parc.

A une cinquantaine de kilomètres au sud de la capitale madrilène, s'élève, comme une oasis au milieu d'un terrain aride et dénudé, la royale propriété d'Aranjuez. Le palais, de belle apparence, date du siècle dernier; il est visible moyennant permission; mais ce qui fait la réputation d'Aranjuez, ce sont ses jardins et ses fontaines. Il y a là une variété de motifs décoratifs généralement de bon goût, qui assignent, par leur nombre et leur richesse, une place de premier rang parmi les domaines royaux d'Europe, à cette propriété de la couronne d'Espagne.

Sa rivale est la célèbre Granja, le Versailles espagnol, situé à un dizaine de kilomètres de la pittoresque cité de Ségovie. Œuvre d'architectes français, le Palais-Royal, qui date du commencement du siècle dernier, est un édifice monumental d'une architecture plutôt sévère. Sa façade principale ne mesure pas moins de 150 mètres. L'intérieur renferme de beaux appartements, garnis de meubles et objets d'art, comme il convient à une royale demeure.

Mais ce sont les jardins qui font surtout la réputation de la Granja; ils ne mesurent pas moins de cent cinquante hectares et sont ornés de fontaines monumentales, dont certaines absolument remarquables, où les jets d'eau ont été placés à profusion. Toutes ces fontaines sont alimentées par un grand lac artificiel situé à proximité. Enfin, une vaste forêt de plus de 700 hectares, renfermant également un palais, complète en quelque sorte le plus beau des domaines royaux de la péninsule.

SÉGOVIE

Située à près de mille mètres d'altitude, à une centaine de kilomètres au nord de Madrid, l'antique Segovia est une des villes les plus curieuses de l'Espagne. Bâtie sur un vaste plateau rocheux bordé par deux vallons étroits et profonds au fond desquels coulent deux torrents, l'Eresma et le Clamores, elle se présente pittoresquement, encore entourée pour la majeure partie de murailles ayant conservé presque totalement, leur aspect primitif. Cette enceinte ne comporte pas moins de 85 tours de défense, et elle est percée de quelques portes non sans intérêt.

Le trajet de Madrid offre quelques parties assez pittoresques dans la traversée de la chaine de la Guadarrama et on découvre par endroits de vastes horizons sur les grandes plaines qui s'étendent à perte de vue..... ; mais passons sur le paysage peu attrayant.

Si Ségovie offre à l'extérieur plus d'un joli

point de vue pour un artiste, surtout à la pointe du plateau qui porte un bel échantillon d'architecture militaire du moyen âge, l'Alcazar, élevé par le roi Alphonse VI et qui, de ses tours élancées, domine le confluent des deux torrents, à l'intérieur, la cité ne manque pas de caractère. Mais pour y arriver, il nous faudra suivre la longue rue primitive dans l'axe de laquelle se dresse une modeste chapelle adossée à un portique, sorte de porte d'entrée de la ville. Tout de suite nous sommes charmés par la physionomie des maisons et des habitants, qui ont conservé leur cachet ; les hommes, entre autres, portent encore la culotte courte et le chapeau noir pointu que tend à supplanter le béret basque. Bientôt notre surprise est plus grande à la vue de l'aqueduc romain, littéralement aérien, dont les sveltes arcades se détachent sur le bleu intense du ciel, enjambant les toitures des maisons. S'il n'a pas l'ampleur magistrale du fameux pont du Gard, l'aqueduc ségovien a une sveltesse sans égale. Puis ce sont de vieilles maisons plus ou moins blasonnées qui attirent l'attention, d'antiques demeures, à l'aspect fortifié, avec leurs bossages rappelant certains palais italiens, des tours, ou des églises comme celle dédiée à Saint-Martin, avec son cloître extérieur. La place Mayor, qui avait son cachet d'originalité avec ses maisons à balcons, a malheureusement été gâtée par un kiosque à musique moderne d'une navrante banalité.

La Cathédrale, grande ouverte, ce qui est rare en Espagne, où, en dehors de l'heure des offices, il faut se mettre à la recherche d'un sacristain, détenteur des clefs, sorte d'impôt pour le voyageur, qui est ainsi tenu au pourboire, cet édifice, disons-nous, qui passe pour un des plus beaux d'Espagne en son genre, est flanqué d'une belle tour carrée qui rappelle beaucoup certains clochers de la Basse-Bretagne. L'intérieur offre des retables, des grilles en fer forgé, comme nous l'avons vu dans les églises en général : en ajoutant qu'elle mesure plus de 100 mètres de longueur, nous donnerons enfin une idée de ses dimensions.

Quant à l'Alcazar, dont le Castillo, donjon imposant, servit longtemps de prison d'État, il renferme des salles historiques, une chapelle et des appropriations diverses ; mais pour sa visite, il faut une permission toute spéciale. Ajoutons que ce château a été complètement restauré dans ces dernières années, et qu'avec la patine des ans il ne fera que gagner en pittoresque.

A Ségovie, enfin, se trouve l'École d'artillerie, comme à Valladolid est celle de la cavalerie espagnole.

L'ESCORIAL

Bien que ce monument fameux soit très connu grâce aux nombreuses descriptions qui lui ont été consacrées, nous ne pouvons manquer d'en dire quelques mots. Il est surtout imposant par sa masse, comme on le sait.

C'est de très loin que l'on découvre son ensemble gigantesque de constructions qui se dressent à un millier de mètres sur une dernière marche de la sierra de Guadarrama. De son vrai nom monastère royal de San Lorenzo, il fut édifié au XVIe siècle par Philippe II, en souvenir d'un vœu fait à saint Laurent lors de la prise de Saint-Quentin. Aussi, le plan de ce couvent a-t-il été conçu en forme de gril, les bâtiments en carré étant recoupés par des cours intérieures. Il ne mesure pas moins de 280 mètres sur 156 mètres. Comportant 16 cours de dimensions variées, il ne compte pas moins de 1.200 portes, 86 escaliers et plus de 1.100 fenêtres..... Ces chiffres en disent assez par eux-mêmes. C'est plus grand que beau, au résumé.

Comme disposition générale, on trouve la grande cour des Rois, avec l'église, suivie d'un petit palais royal, à droite est le couvent, un pendant au collège, et à sa suite le Palais de Philippe II, lequel a son entrée spéciale sur le côté du monument faisant face au village dont l'Escorial est le nom.

L'église, vaste et de belles proportions, avec ses pilastres cannelés, toute construite en pierre grise, est froide d'aspect ; elle est flanquée sur la façade de deux tours hautes de 70 mètres et coiffée d'un dôme surmonté d'une croix qui se dresse à près de 100 mètres au-dessus du sol. Dans le chapitre, placé dans une vaste tribune au-dessus de l'entrée, un lutrin géant porte de ces énormes missels sur parchemin ornés d'enluminures, comme on en a déjà vu. A côté, il y en a, du reste, une véritable collection, peut-être unique au monde. Derrière le coro, et faisant face à la cour, est un autel surmonté d'un Christ en marbre de Benvenuto Cellini. A droite et à gauche du chœur, des groupes de personnages dorés représentent Charles-Quint et Philippe II entourés de leurs familles. Dans une chapelle se trouve le tombeau de la jeune reine Mercédès. La sacristie contient aussi des ornements et objets du culte de valeur.

On ne visite d'ordinaire que certaines parties de l'édifice, comme la salle du Chapitre dans le couvent, et la bibliothèque, qui contient une collection superbe de manuscrits rares plus ou moins richement enluminés (certains nous ont paru absolument hors de pair); il y en a en langues grecque, latine, arabe, persane, turque... voire provençale... Mais l'intérêt se concentre sur la partie nécropole du monument.

L'Escorial est donc le Panthéon des rois d'Espagne depuis Charles-Quint. La royale nécropole se divise en deux parties distinctes: celle où reposent les rois et les reines, et la partie moderne affectée aux familles de sang royal ou princier. La première est une pièce octogonale d'une dizaine de mètres de diamètre sur une égale hauteur; dans ses parois toutes revêtues de jaspes, marbres, porphyres, sont pratiquées vingt-six cases renfermant chacune un sarcophage de marbre noir portant un cartouche. Un certain nombre de cases sont déjà occupées, et le dernier nom inscrit est celui d'Alphonse XII, qui fut notre condisciple, il nous en souvient, lors de son séjour à Paris. Il n'a été placé là que récemment, après que l'opération de la pétrification à laquelle sont soumis les corps eût été complètement terminée. Cette opération naturelle dure parfois des années. L'autre partie, caveau des reines sans enfants, des infants et infantes et de certains princes, est une suite de salles voûtées, agrandies par Alphonse XII, et aux murs revêtus de stuc. Aux séparations des cryptes, des statues figurent des porteurs de masse d'arme qui semblent être les gardiens du lieu. Les tombes, de marbre blanc, sont alignées à droite et à gauche, surmontées de plaques portant les noms et les armoiries. Un monument en forme de rotonde renferme les restes des enfants royaux au-dessous de six ans.

Enfin, le tombeau de don Juan d'Autriche y a trouvé place, ainsi que ceux de la famille de Montpensier. Des places ont été prévues pour de longues années encore.

On ne saurait quitter l'Escorial sans jeter un coup d'œil sur une royale villa, située dans un parc au pied du couvent, et dont le riche ameublement renferme plus d'un joli meuble ou d'une pièce de valeur dignes de figurer dans un musée. La décoration, de plus, est très soignée et en fait un tout bien complet.

PORTUGAL

Se trouver à Madrid, sans être absolument à la porte du Portugal, c'est, nous estimons, en être trop près pour ne pas désirer greffer une excursion dans ce pays sur un voyage en Espagne; aussi, ami lecteur, si vous le voulez bien, nous ferons une petite fugue dans un des minuscules royaumes d'Europe, sur le trône duquel est assise une Française de sang royal, la sympathique reine Marie-Amélie d'Orléans, épouse du duc de Bragance, roi de Portugal. Nous avons eu personnellement le plaisir de la rencontrer à plusieurs reprises, et nous pouvons affirmer qu'elle porte bien sur sa figure cet air de bonté qui l'a rendue si populaire dans son pays d'adoption. Plus d'un Portugais n'a pas hésité à nous faire part de ses sentiments de sympathie pour sa souveraine, et nous sommes heureux de lui rendre cet hommage si mérité.

Le Portugal est, en effet, loin d'être sans intérêt au point de vue du tourisme simple. Il suffira d'écrire les noms de Lisbonne et de Porto, dont on connait la réputation d'originale beauté comme villes et comme ports, de citer les coins pittoresques de Cintra, de Cascaës, du Bom Jesu et autres, ainsi que les rives du Tage, qui contrastent si agréablement avec les plateaux dénudés de l'Estramadoure, ou encore les gorges curieuses du Douro, sans parler des couvents célèbres de Belem, la Mafra, Batalha, Alcobaça, pour prouver que cette excursion (ne fût-elle que de quelques jours) semble le complément indispensable d'une visite de l'Espagne.

***

Nous ne retracerons pas plus l'histoire de ce pays que nous ne l'avons fait pour l'Espagne, mais nous croyons bon de rappeler qu'il fit jadis partie de la grande province romaine dite Lusitania. La domination des Romains dura plus de cinq siècles; elle fut détrônée par des invasions successives, comme celle des Maures, qui asservirent, ainsi qu'on le sait, presque toute la péninsule ibérique. Dans les siècles qui suivirent les chrétiens reprirent le dessus, et le pays situé entre le Minho et le Tage prit le nom de Portugal (du nom de la ville de Porto). Province de Castille, ce petit État repoussa la vassalité de l'Espagne au XIIe siècle, et conquit son indépendance avec le roi Alphonse, fondateur de la dynastie de Bourgogne. Après une glorieuse époque, le pays redevint une province espagnole pendant une cinquantaine d'années; puis, au XVIIe siècle, il reprit son autonomie avec le roi Jean IV de la maison de Bragance, actuellement régnante. Nous passerons sur l'interrègne du commencement du siècle, à l'époque où nos armes victorieuses sous l'aigle impérial imposaient des lois à l'Europe entière.

Ces réminiscences historiques ne sauraient prendre plus large place ici; mais, avant de pénétrer en Portugal, rappelons que, comme aspect général, il est plus riant que sa voisine et d'un climat plus tempéré grâce au voisinage de la mer, à l'exception de la partie située au sud du Tage, région sans intérêt pour le touriste ordinaire et qui rappelle certaines parties du Maroc ou de notre Algérie.

On y voyage confortablement, dans les grandes villes surtout, mais si parfois on est embarrassé en Espagne pour se faire comprendre quand on ne possède pas la langue, que dire du Portugal, où le français est encore moins parlé en général. Néanmoins, ajoutons que nous nous sommes toujours tiré d'affaire, parfois grâce à des mimiques expressives, il est vrai! Le printemps nous a paru la saison la plus agréable pour visiter le pays.

Nous avons interrompu notre voyage dans la capitale madrilène; elle sera notre point de départ pour Lisbonne. Des trains express, ou soi-disant tels, mettent du reste journellement les deux capitales en communication. Par leur petit nombre relatif de voyageurs, ils ne rappellent en rien le mouvement de nos grands rapides qui partent chaque soir des gares parisiennes ou même de plus d'une de nos grandes stations de province. Le départ s'effectue de Madrid par la gare de « Las Delicias », située dans le voisinage de celle du Midi (Madrid-Atocha) placée à l'opposé de la gare du Nord, c'est-à-dire de celle en relation avec la frontière française. Le matériel nous a paru plus soigné que sur la plupart des lignes ferrées espagnoles, en général; c'est ainsi que nous avons trouvé des wagons-couloirs proprement tenus avec compartiments séparés.

Le parcours n'offre pas grand intérêt... On aligne des kilomètres les uns au bout des autres, sans changement de paysage. Ce sont toujours ces monotones plateaux. En approchant du Portugal, le terrain s'ondule parfois assez fortement; il est couvert de broussailles toutes fleuries blanc au printemps et que dominent des chênes-lièges disséminés. A la frontière on change de train et des douaniers en bottes visitent sommairement vos bagages.

On a à peine pénétré sur le territoire portugais que le paysage semble plus gai; la campagne verdoyante est semée d'ormeaux... Les gares sont encadrées de verdure où se remarque l'eucalyptus. Les paysans portent encore leur costume national et sont coiffés d'un bonnet de coton noir ou d'un large chapeau de feutre. Avant Abrantès des plantes de pays chauds, aloès et autres, reparaissent. Bientôt on rejoint la vallée du Tage, chantée par les doux poètes. Un pont en fer vous met sur la rive opposée, que l'on suit pendant un certain nombre de kilomètres. Les bords accidentés offrent plus d'un joli paysage dans le cadre duquel se place quelque village avec ses chaloupes tirées à la grève. Sur l'eau, des embarcations glissent mollement. A un endroit donné, un rocher jeté en travers du fleuve porte un vieux fort, décor d'opéra-comique. Malgré la grâce des tableaux qu'il offre ainsi au voyageur, on ne saurait établir de parallèle entre ce fleuve et notre Seine ou notre Rhône. Les collines s'écartent en approchant de Lisbonne et font place à une belle plaine verdoyante, bien irriguée, où de nombreux troupeaux de bœufs paissent tranquillement à côté de manades de chevaux et pouliches dont les jeunes rejetons gambadent à travers la prairie. Nous retrouvons des traces de vignobles de distance en distance. Plus on approche de la mer, plus le fleuve s'élargit. Des marais salants apparaissent ainsi que des fabriques. Enfin les stations se multiplient et semblent indiquer le voisinage d'une ville importante. Le sol devient plus accidenté; entre deux tunnels on entrevoit au passage les arènes ou plaza de toros dont nous parlerons tout à l'heure, puis les arches de l'aqueduc qui amène l'eau à Lisbonne, et nous voici arrivés à la gare centrale du Rocio.

LISBONNE

La capitale du Portugal (Lisboa) est une belle ville de plus de trois cent mille âmes, située, comme l'on sait, à l'embouchure du Tage, qui s'élargit en large estuaire dans l'encadrement de verdoyantes collines. L'aspect de Lisbonne, vue du fleuve est des plus pittoresques; elle est, en effet. bâtie en amphithéâtre sur sept collines (comme la Rome antique), et ses points les plus élevés sont au moins à une centaine de mètres au-dessus du fleuve. Ses maisons semblent s'entasser les unes sur les autres, tandis que ses quais s'allongent pendant des kilomètres. Certains auteurs l'ont comparée à Naples; nous n'irons pas jusque-là. Les rues sont en général plutôt larges, bordées de trottoirs garnis de maisons bien bâties, malgré les accidents du sol; de nombreuses et vastes places publiques aèrent la ville, ainsi que des squares, dont certains sont de véritables petits parcs. Il va sans dire que les points de vue, les échappées, ne manquent pas sur les points culminants. Lisbonne est dotée de toutes les inventions modernes : électricité, téléphone, tramways à traction mécanique ou à mulets (et parfois on en attelle jusqu'à huit sur une voiture à certaines montées)... tout y fonctionne et jusqu'à des funiculaires, dont un minuscule (pour passer d'une rue à une voisine en contrebas) qui accomplit son trajet en quarante secondes pour un sou.

⁂

Avant de nous jeter à travers la ville, qui prétend devoir sa fondation à Ulysse, car son nom semblerait phénicien, tout au moins s'il faut croire une étymologie quelque peu « tirée par les cheveux » et qui signifierait « baie délicieuse », rappelons que son importance s'accrut sous les Maures, puis sous son premier roi et qu'elle ne fit que grandir jusque vers le milieu du siècle dernier, époque à laquelle un terrible tremblement de terre la bouleversa de fond en comble, causant une cinquantaine de milliers de victimes. Elle se releva de ses ruines peu après grâce à l'impulsion du marquis de Pombal, un des plus illustres enfants du Portugal. Enfin, après les vicissitudes du commencement du siècle, elle redevint résidence royale et est aujourd'hui une des plus originales capitales de l'Europe. Elle est la patrie de saint Antoine de Padoue, d'Albuquerque et du poète Camoëns. Enfin elle jouit d'un agréable climat, un peu chaud l'été, malgré le voisinage de la mer.

Promenons-nous maintenant à travers la ville... A côté de la gare, à la façade quelque peu prétentieuse, s'étend la vaste place de Dom Pedro IV ou du Rocio, dont le pavage mosaïque forme des dessins sinueux (raies blanches tranchant sur le fond sombre) qui troublent la vue et émanent d'une idée originale de plus ou moins bon goût. Elle est ornée d'une statue du roi et sur un des côtés s'élève le théâtre de dona Maria II. A la suite de la place s'étend un quartier dont les rues principales descendent tout droit au fleuve; ces voies, comme la rua do Oro ou Aurea, la rua Augusta, la rua do Chiado, sont des plus animées et commerçantes avec quelques beaux magasins. « Cette petite ville en damier, dit M. Leclercq, l'éminent président de la Société de Géographie de Bruxelles, est enclavée au milieu du vieux quartier de l'Alfano, faisant par son dédale de ruelles un contraste frappant avec la régularité mathématique du Rocio. On peut juger par ce spécimen du vieux Lisbonne, de ce qu'était la ville avant le tremblement de terre. La plupart des façades y sont revêtues de carreaux de faïence aux dessins variés et aux couleurs multiples qui miroitent au soleil... les fenêtres sont ornées de miradores à l'espagnole... » Ce quartier se termine par la vaste « praça do Commercio », la plus vaste et imposante place de Lisbonne, formant un rectangle s'appuyant au fleuve et dont les trois autres côtés sont garnis d'édifices d'architecture uniforme où sont installés les Services Publics. Ces constructions présentent une suite d'arcades, précieux refuge contre les ardeurs d'un soleil méridional; elles abritent les divers ministères, la Bourse, la Douane. etc. Au centre se dresse la colossale statue en bronze de Joseph Ier, dont le marquis de Pombal fut l'éminent ministre. Derrière, un arc de triomphe, surmonté d'une Renommée, précède la ville basse dominée par les parties hautes et la citadelle.

A l'est un vieux quartier, avec son dédale de rues étroites et tortueuses, aux passages couverts, se groupe au pied de l'antique cathédrale, la Sé patriarcal ou Santa Maria, dont l'origine remonte au XIVe siècle. Malgré son cloître elle offre peu d'intérêt, quand on vient surtout de visiter les églises d'Espagne. On pourrait en dire de même, en général, des édifices religieux portugais, à l'exception des couvents que nous rencontrerons tout à l'heure sur notre route. C'est dans ce coin de Lisbonne que l'on peut signaler encore quelques curieuses maisons dont nous parlions plus haut, comme la casa dos Bicos... (qu'il ne faudrait pas traduire par chèvre, mais pointes), à cause des pierres taillées à facettes qui ornent la façade.

Quant à l'antique castello de Saô Jorge, l'ancien château des Maures devenu résidence royale au XIIe siècle, il n'en reste qu'une partie d'enceinte avec quelques tours et renferme aujourd'hui un pauvre quartier d'un aspect pittoresque.

Redescendu sur le Rocio, auprès de la gare on trouve une autre place dite des Restaurateurs... (rien des marchands de vins et autres!), ainsi dénommée à cause du monument qui la décore, obélisque de plus de trente mètres de hauteur, élevé à la mémoire des citoyens grâce auxquels le Portugal reconquit son autonomie au XVIIe siècle. Cette place sert de base à la belle avenue, ornée de petits squares, de la Liberté, qui s'élève en pente jusqu'à des terrains où l'on semble vouloir créer un jardin public dans un site dominant la ville.

C'est particulièrement vers l'ouest que s'étend Lisbonne, comme toutes les grandes villes du reste, ainsi qu'on l'a observé. Notre visite, dans ce quartier, débutera par la rue Garrett, appelée communément Chiado, la plus fréquentée. Elle aboutit à une place où s'élève la statue du célèbre auteur des *Lusiades*, le poète Camoëns. Tout proche se dresse le squelette d'une église, victime du fameux tremblement de terre, où l'on a réuni d'intéressants documents archéologiques; il y a là des pièces d'une réelle valeur artistique, dont la description même sommaire nous entraînerait trop loin, malgré notre désir de les faire connaître. A quelques pas, l'église San Roque présente quelques riches rétables et des faïences en ornent pour partie les murs.

Du jardin-terrasse d'Alcantara, la vue s'étend superbe, mais moins étendue que du haut du labyrinthe de la promenade publique de la Estrella, d'où l'on jouit d'un beau panorama sur la ville basse et le Tage. Un autre joli square, très bien entretenu, c'est le Largo de Principe Real; il est garni d'arbres et plantes exotiques; mais plus important, et méritant une mention toute particulière, est le Jardin botanique, qui s'étend en pente au pied de l'École Polytechnique. Des arbres d'essences les plus variées y forment de délicieux ombrages; à côté de représentants de notre flore et de nos espèces forestières, on trouve des aloès géants, des dracœnas divers, des phœnix, des Washingtonia filifora de Californie, et une quantité de variétés aux terminaisons latines et aux formes plus ou moins gigantea!

Puis ce sont les marchés, les cimetières, le palais peu important des Cortès, quelques églises, comme la basilique do Coraçao do Jesus. La promenade peut nous conduire ainsi au Palais Royal, vaste construction rouge adossée à un parc. A côté sont les écuries et remises des équipages royaux. Quelques vieux carrosses nous ont rappelé certaines visites faites dans d'autres capitales d'Europe.

En parcourant la ville, l'étranger ne manquera pas d'observer la variété des types, car à cause de sa situation et de ses relations avec le monde entier par ses colonies, Lisbonne attire des représentants de plus d'une race exotique...; il ne faudrait cependant pas croire que l'on rencontre des indigènes à peine vêtus, ni des anthropophages! C'est tout au plus si on écorchera légèrement l'étranger (financièrement parlant, s'entend) peu habitué aux reis, cette division monétaire presqu'à l'infini, on pourrait dire, bien faite pour effrayer le nouveau débarqué, peu habitué à ces chiffres qui paraissent fantastiques quand on songe qu'un chapeau peut valoir 2.000 à 3.000 reis, et qu'on donne couramment 100 ou 200 reis de pourboire!

On remarquera la bonne tenue de la voirie en général, et la police faite par des agents coiffés, comme la troupe, d'un petit képi-casquette. La loterie existe ici comme en Espagne, et les devantures des marchands de tabac prouvent qu'elle est assez en faveur. Vu la situation si accidentée de Lisbonne, qui n'empêche pourtant pas la circulation des voitures, beaucoup de transports se font à dos d'homme, les déménagements entre autres... Ici également on promène le lait « sur pied » par la ville et le matin vaches et chèvres circulent par troupes.

Quant aux costumes, ils n'offrent rien de particulier, à l'exception des chapeaux noirs boléros que portent beaucoup de femmes du peuple.

Mais le lecteur attend sans doute impatiemment que nous lui parlions de Belem.

C'est un peu au delà du Palais Royal, au pied

de la colline qui porte le grand château d'Ajuda, séjour de la reine mère, dominé lui-même par l'Observatoire, que se trouve le célèbre couvent de Belem, un des trésors artistiques du Portugal. Le Convento dos Jeronymos de Belem (par abréviation de Bethléem) date de 1500. Il est d'un style composite et non sans charme qui prit son nom de Manuel Ier, le souverain régnant alors (on dit style manuelesque), style qui se distingue par la profusion de ses ornementations inspirées par la Renaissance mélangée à du mauresque et de l'arabe. L'ensemble des constructions comporte d'abord une église avec un riche portail et dont l'intérieur, aux sveltes colonnes enguirlandées, renferme des tombeaux de souverains et de grands hommes (Camoëns, Vasco de Gama), puis, et surtout, un cloître formé de deux galeries superposées dont les arceaux s'appuient sur des colonnettes fouillées comme de la dentelle et de décoration variée. Malgré son charme, nous lui préférons sans hésiter, au point de vue de l'art, certains cloîtres gothiques ou romans de notre belle France. Réfectoires et dortoirs spacieux sont affectés à un orphelinat. Enfin, la bibliothèque renferme quelques précieux manuscrits, bibles et missels des XIIe, XIIIe et XIVe siècles, plus particulièrement.

A quelques centaines de mètres au plus du couvent se dresse sur le bord du Tage la fameuse tour de Belem, construction des plus originales, datant de la fin du XVe siècle... Sa vue en dira plus qu'une description.

Il nous reste à dire deux mots du port de Lisbonne.

Il s'étend sur une longueur de plusieurs kilomètres, comportant divers bassins garnis de vastes quais; c'est à la hauteur du dernier, ou d'Alcantara, que se trouvent le ponton et les magasins de nos Messageries Maritimes. La Marine militaire a

son bassin spécial, qu'entourent les chantiers et bâtiments de l'Arsenal. D'une certaine importance, à cause du commerce fait plus spécialement avec l'Angleterre et la France, le mouvement du port se chiffre par environ trois millions de tonnes représentées par 2.300 à 2.500 navires par an. Lisbonne est également ville manufacturière.

Au-dessus des quais, parmi les constructions qui se superposent en un pittoresque désordre, le palais du marquis de Pombal, renfermant une collection artistique de quelque intérêt, se remarque par son importance relative. Plus haut en ville est le Musée national. Tout proche de l'hôtel de la Société de Géographie, qui renferme une bibliothèque et un petit musée colonial, exemple que nous devrions bien suivre par initiative privée puisque l'État semble négliger cette question coloniale qui intéresse tant notre grandeur nationale, se trouve une modeste église précédée d'une terrasse d'où l'on a une des vues d'ensemble les plus intéressantes sur les quais et le fleuve, vue que nous tenions à signaler aux touristes que leur humeur vagabonde poussera jusqu'en Portugal.

Notons pour mémoire que l'église San Vincente sert de Panthéon aux Souverains.

Nous ne saurions quitter la capitale portugaise sans esquisser rapidement le spectacle d'une course de taureaux, spectacle qui diffère de celui si populaire tel qu'il se pratique en Espagne. En Portugal, en effet, on ne tue plus le taureau, depuis un mortel accident survenu jadis à un prince amateur; et cependant, sans présenter la même émotion, le spectacle n'en est pas moins intéressant; il offre même des phases gracieuses, comme le jeu des banderilles par les cavaliers en plaça élégamment montés sur de beaux chevaux qui caracolent dans l'arène. La présentation diffère un peu de celle usitée chez le peuple voisin; ainsi le défilé est précédé d'une mule richement caparaçonnée chargée de deux caisses, que suivent les quadrilles souvent réunis d'Espagnols et de Portugais, qui rivalisent de grâce et d'adresse. Les cavaliers, vêtus de riches costumes « à la française », saluent la foule en faisant le tour de l'arène comme des écuyers de cirque. Après quoi on lâche le taureau (emboulé, ainsi qu'on a pu le voir en France et particulièrement à Paris). Jeux de capa, poses de banderilles, se succèdent, puis sonne la mort, simulée, après quoi une troupe de gens se précipite pour maintenir le taureau, sur lequel s'est jeté l'un d'eux en cherchant à saisir l'animal par le cou ; c'est là le côté brutal et parfois dangereux qui nous a plutôt révolté ou tout au moins répugné de voir et dont se passerait fort bien le spectacle, qui n'y perdrait rien e[illegible]térêt. La bête est ramenée au toril par des [illegible] conducteurs. Un jeu gracieux est le saut de [illegible]rche, comme les Landais le pratiquent dans leurs courses de vaches. La plaça des toros de Lisbonne, la plus belle du Portugal, est également en briques à gradins surmontés d'une galerie circulaire. Cinq pavillons ronds, coiffés de calottes hémisphériques portant des globes bleus étoilés peu décoratifs, flanquent cet édifice sans aucun intérêt artistique. Lors de notre passage, nous avons eu la bonne fortune d'y assister à des courses données par le célèbre Guerrita en présence du roi et de la reine. Douze taureaux se sont succédé devant une arène bondée, au milieu des rangs de laquelle circulaient vendeurs de journaux et de programmes, marchands de bonbons et d'éventails et aguadores munis d'un petit tonnelet plein d'une eau plus ou moins fraiche. La musique prête naturellement son concours à ces spectacles. Une fête peut-elle exister sans fanfare, orphéon ou orchestre !

Les habitants de Lisbonne vont, l'été, chercher de la fraicheur soit au bord de la mer, soit à la campagne, au nord de la ville; aussi voit-on, proches de Lisbonne, guinguettes et chalets ou villas. Sur le petit chemin de fer qui longe le Tage surtout, les petites stations balnéaires se succèdent jusqu'à

Cascaës. On y fait des spéculations, des lotissements, on y trouve des hôtels, plutôt modestes, avec table d'hôte et café, etc. Les constructions sont d'ordinaire simples et rien n'y rappelle nos somptueux casinos ni nos élégants cottages.

CINTRA

Sept lieues environ séparent Lisbonne du village, royale résidence estivale. Il est placé aux pieds d'une chaîne de petites collines rocheuses, dont l'une d'elles porte à son faîte le château de la Peña, tandis que les ruines d'un château mauresque courent au long de l'arête d'une éminence voisine. Le tableau est des plus pittoresques avec le fouillis de verdure qui habille les roches amon-

celées en cet endroit; mais avant de grimper là-haut, nous pourrons nous arrêter un instant pour visiter le vieux château aux gigantesques cheminées de cuisine, semblables à des fours à porcelaine. Nous ne nous attarderons pas à voir des appartements d'un intérêt fort relatif, et nous préférerons escalader les sentiers de chèvre qui conduisent aux ruines dites « château des Maures » et surtout au royal nid d'aigle.

Disons tout de suite qu'on trouve voitures, chevaux ou ânes, à Cintra, pour excursionner, sans parler des conducteurs ou guides locaux. Après une grimpée à travers le parc pittoresque, on arrive au Castello Real de la Peña, bâti par le roi Ferdinand. Étrange demeure, sortie d'une imagination originale, où tous les styles ont été évoqués, empruntant à la Renaissance, au gothique et au mauresque, qui dans l'ensemble, au résumé, ne manque pas d'un certain charme ; tel est ce palais, digne couronnement d'une montagne des plus originales que nous connaissions. L'entrée elle-même, avec ses tours, ses passages souterrains, en est même quelque peu fantastique. Rien à dire de l'intérieur qui renferme des appartements privés et comporte une chapelle sans le moindre intérêt; mais ce qu'on ne saurait passer sous silence, c'est le merveilleux panorama circulaire dont l'on jouit de cet incomparable observatoire. Au sud on découvre toute l'embouchure du Tage, puis l'Océan qui limite l'horizon à l'ouest, tandis que vers le nord, où la masse imposante du couvent de la Mafra se profile dans le lointain, s'étend un paysage d'aspect varié. C'est là un de ces spectacles que l'on n'oublie pas, surtout si l'on est favorisé par un temps clair particulièrement vers la fin de la journée. Aux environs se trouvent disséminées dans une pittoresque campagne de fort jolies propriétés désignées sous le nom de quinta, dont la plus justement réputée est celle de Monserrate, ce merveilleux domaine, propriété d'un Anglais, M. Cook, qui a réuni là avec un goût exquis tout ce qu'on peut rêver de plus oriental et de plus ravissant, autour d'une somptueuse habitation. Le parc, où les eaux apportent une délicieuse fraîcheur en courses capricieuses, pittoresquement disposé, renferme les spécimens les plus variés d'une magnifique végétation... Mais ne nous attardons pas dans ce Paradis terrestre et passons sans nous arrêter devant un vieux château (de Seteaes) où fut signée une convention entre Anglais et Français pour mettre fin aux hostilités, à la grande époque de l'épopée napoléonienne.

***

La Mafra, dont le vaste couvent, est un parallélogramme de près de deux cent cinquante mètres de côté, se trouve située à quelques kilomètres du chemin de fer. Les huit ou neuf cents pièces que comporte la distribution de cet énorme cube de maçonnerie sont occupées par l'École Militaire. Trois églises sont englobées dans l'édifice, n'offrant, du reste, aucun intérêt particulier; enfin, un vaste parc s'étend autour.

Nous poursuivrons notre route à travers une verdoyante campagne aux cultures variées, mais où les instruments aratoires nous ont paru encore bien primitifs. De distance en distance, quelque village propret s'échelonne le long de la route, de petits ruisseaux font mouvoir de minuscules moulins, et quelque ruine par ci par là, met sa note pittoresque. Si les employés nous ont paru fortement galonnés, par contraste, les paysans à la tenue simple portent le bonnet de coton (généralement noir), une large ceinture et semblent ne jamais se séparer d'un long bâton qui leur sert de canne. Ici comme comme chez nous, les marchands de journaux crient leurs feuilles publiques et le journalisme ne nous a pas paru chômer dans ce pays, en général. Mais le paysage se modifie en avançant; figuiers, aloès, eucalyptus, oliviers, disparaissent pour faire place aux pins; nous allons traverser une région de dunes sableuses qui, plantée artificiellement depuis un siècle au moins, a beaucoup d'analogie avec nos Landes de Gascogne. Quelques vestiges anciens apparaissent encore, ruines parfois imposantes, comme la vaste enceinte d'Obidos. A la station de San Marthino, on touche à la mer.

Nous ferons un arrêt un peu plus loin pour visiter les célèbres couvents d'Alcobaça et de Batalha. Si le premier n'offre que peu d'intérêt, il est le point de départ pour la visite du second situé entre les deux stations d'Alcobaça et de Leiria, à quelques kilomètres de l'une et de l'autre. Le pays où sont situés ces édifices religieux est d'aspect verdoyant et vallonné; ayant eu la bonne fortune d'y arriver un jour de marché, nous avons pu observer que les mœurs locales avaient encore conservé leur caractère, et nous nous rappelons les amusantes silhouettes des paysans et paysannes aux jupes de couleur, montés sur leurs bourricots, cheminant par groupes ou isolément, ainsi que de primitifs chariots aux roues massives, traînés par des bœufs aux longues cornes effilées. Le couvent d'Alcobaça, cela va sans dire, a été transformé et utilisé pour différents usages; mairie, casernes, écoles, s'y sont installées. L'église, aux murs nus, renferme les tombeaux d'Inès de Castro et de Pedro le Cruel.

Plus intéressante est la visite à Batalha, dont l'église apparaît de loin avec ses tours et clochers ornementés et festonnés à l'envi, éclatant d'un beau ton chaud d'ocre brûlé au milieu de la verdure qui l'environne. Le beau « Mosteiro de Santa Maria da Victoria » date du XIVe siècle et passe pour le premier monument gothique du Portugal. Il est du reste entretenu avec soin. Si la décoration est riche à l'extérieur, l'intérieur, éclairé par des fenêtres aux beaux vitraux, est d'une simplicité grandiose. A droite en entrant est la chapelle du fondateur renfermant des sarcophages, tandis que derrière le chœur se dressent les murailles d'une chapelle inachevée dite « las Capellas imperfeitas » élevée dans le style manuelesque. Une des parties principales du couvent est la salle du Chapitre se terminant par une hardie coupole de pierre qui abrite de modestes tombeaux en bois noir. Elle donne sur le plus intéressant cloître, aux élégantes arcades, au centre duquel les gardiens choyent un colossal rosier blanc. Sur le côté, le réfectoire renferme quelques débris archéologiques. A la suite sont d'autres cours et dépendances.

COIMBRE

Bien située sur le Mondego, une rivière coulant entre de vertes collines, la ville universitaire du Portugal se présente pittoresquement avec ses maisons se superposant dans un artistique désordre. Elle offre une certaine animation avec les étudiants à la tenue correcte, portant une sorte de cape noire flottante attachée aux épaules. Suivant un ancien usage, ils vont tête nue, mais quelques-uns, dépourvus probablement d'un cuir chevelu trop généreux, risquent une petite toque. Le principal édifice est l'Université avec sa cour-jardin dominée par une tour; elle possède une bibliothèque où l'amateur verra avec plaisir de précieux manuscrits, des livres rares, Nouveau-Testament d'Erasme de Rotterdam (avec une reliure en peau de truie et portant la date de 1560), une Bible de dom Manoël, et autres. Quelques vieilles églises peuvent être citées, comme une ancienne mosquée fortifiée la « Se Velha », celle de Santa-Cruz. Coïmbre possède aussi son jardin botanique.

Tout près de là, au delà de Pampilhosa, on peut faire une jolie excursion à la forêt de Bussaco, célèbre par ses cyprès et ses cèdres et qui couvre les flancs d'un petit massif montagneux. Le point culminant atteint à peine cinq cent cinquante mètres, mais de là on découvre un panorama des plus étendus.

PORTO

Poursuivant notre route, nous atteindrons Porto. la seconde ville du Portugal, une des plus pittoresques cités qu'il soit possible d'imaginer, plantée comme elle l'est, s'étageant sur les rives escarpées du Douro qui coule encaissé dans une gorge profonde d'une cinquantaine de mètres. Par sa situation, elle nous a rappelé certain site à l'embouchure de la Vilaine, en Bretagne, par exemple. Avec ses cent cinquante mille âmes, c'est une véritable grande ville, fort animée, car il s'y traite des affaires considérables, surtout en vin. Son port, malgré quelques difficultés suscitées par l'accès de l'estuaire que l'on cherche à améliorer, est des plus actifs; bateaux grands et petits s'y pressent le long des quais ou mouillent dans le milieu du fleuve. Dans l'intérieur de la ville on ne fait que monter et descendre, ce qui n'empêche pas de circuler en voiture et à des tramways de fonctionner. Quant aux transports, ils sont faits par de grossiers chariots attelés de bœufs superbes, dont les jougs en bois sont ornés de sculptures originales.

Les monuments de Porto n'offrent, en réalité, qu'un intérêt bien secondaire. Telle est la cathédrale avec ses tours carrées, à laquelle son style, un peu barbare, donne un faux air moscovite. Elle daterait, paraît-il des ve et vi[e] siècles et possède un cloître intéressant. A côté se dresse le palais de l'évêque, et ses deux édifices dominent un monticule sur lequel s'est groupé un quartier sordide aux ruelles étroites, véritable ghetto. Plus ancienne encore serait l'église de Saõ Martinho de Cedofeità, dont l'origine remonterait aux rois Goths.

Au centre de la ville, à côté de la gare est la place de Dom Pedro IV, ornée d'une statue équestre du souverain, et de laquelle part la grande artère de Porto, la rua do Almada. Sur le côté, au coin d'un vaste espace (square et marché), se dresse l'élégante tour dos Clerigos qui domine la ville de ses soixante-quinze mètres de hauteur. Tout proche de ce lieu dit le « Campo dos Martyres da Patria », se groupent des édifices publics, comme le bel hôpital de Saint-Antoine, l'Académie et l'École Polytechnique. A l'extrémité de ce quartier on a inauguré, il y a quelques années, un beau parc au centre duquel s'élève un palais d'exposition. Très bien planté, il offre des points de vue superbes sur la ville et l'embouchure du Douro, commandant, on pourrait dire, l'entrée du fleuve. C'est là une position magnifique absolument exceptionnelle.

Quelques églises, d'un intérêt secondaire, ne sauraient attirer l'attention du touriste ordinaire, mais, pour les amateurs, nous ne pouvons passer sous silence la Bibliothèque riche en précieux documents, parmi lesquels : une image du monde au xive siècle avec enluminures, des psaumes latins du xiiie siècle, un traité de musique du xve siècle, des livres d'heures, des chansons populaires de Johannès de Muris, des armoiries portugaises de 1582, une vie du roi Alexandre du xve siècle, un roman anglais de la Rose de 1560, un Dante, etc...

Près du marché couvert, la Bourse offre une vaste salle décorée. Il y aurait encore à citer le Musée Dom Pedro, mais il est des choses pour la visite desquelles le commun des touristes ne saurait, en général, avoir de temps à consacrer.

Une des grandes curiosités de Porto ce sont, sans conteste, les deux ponts hardis qui franchissent d'un bond le Douro, à plus de trente-cinq mètres de hauteur. Celui qui fait communiquer la ville avec le faubourg de Villanova de Gaia, l'énorme entrepôt des vins célèbres plus ou moins authentiques, le pont de Dom Luiz Ier, fut construit, il y a bientôt vingt ans, par la Société belge de Willebroek. Il est à deux tabliers, dont celui inférieur s'ouvre pour laisser passer les navires. L'autre, le pont du chemin de fer, est un frère du fameux pont de Garabit.

Le faubourg dont nous venons de parler est, en réalité, le vieux Porto, le « Portus Caleæ » des Romains; devenue une cité prospère à l'époque mauresque, elle fut détruite au IXe siècle. Vers l'an 1000, elle prit un nouvel essor et devint un instant la capitale du Portugal, transportée sur l'autre rive. Actuellement le faubourg centralise tout le commerce des vins de la région, accaparé en grande partie par des négociants anglais.

Notre séjour à Porto nous rappelle des scènes pleines de couleur locale, comme des enterrements où les hommes vont un cierge à la main, escortant le corps porté à bras. Rien n'est impressionnant comme le spectacle de la cérémonie, la nuit, dans l'église toute tendue de noir, à la lueur vacillante de ces lumières parfois très nombreuses.

Depuis que nous avons franchi la frontière, il

nous a semblé trouver plus de jovialité; du reste il est un dicton « les Portugais sont toujours gais » qui paraît justifier la chose. Nous avons appris avec plaisir qu'ici aussi on épousait les femmes sans dot, comme cela se fait dans bien d'autres pays, à l'opposé de ce qui se pratique chez nous où, malheureusement, la classe des « coureurs de dot » est trop nombreuse.

Bien que le progrès se soit fait sentir là-bas comme ici, néanmoins nous avons observé qu'en général il était une de ses manifestations mécaniques (nous voulons parler du cyclisme et de l'automobilisme) encore peu usitée. Nous nous rappelons la curiosité, bien naturelle, éveillée à l'apparition d'une automobile et nous ne nous souvenons pas en avoir rencontré d'autre. En Portugal, du reste, on voit encore peu de bicyclettes, mais il n'en sera pas de même dans quelques années, d'autant plus que, si les droits de douane sont exorbitants, on a déjà songé à faire passer les diverses pièces isolément, ainsi que nous le racontait un aimable Portugais.

Porto a sa plage de bains à l'embouchure du fleuve, au village de Sao Jao da Foz. Une lieue plus loin est le port de Leixoes, créé pour les navires que leur trop grand tirant d'eau empêche de remonter le Douro. Non encore terminé, il représente déjà de très importants travaux se chiffrant par millions et exécutés par un de nos riches compatriotes.

***

Une excursion classique aujourd'hui et à proximité de Porto c'est celle de Braga, ou plutôt du

« Bom Jesus do Monte », célèbre sanctuaire situé dans une jolie et verdoyante région, à plus de quatre cents mètres de hauteur. C'est un lieu de pèlerinage fréquenté et en même temps une sorte de station estivale où l'on trouve de confortables hôtels. Quant à Braga, aussi d'origine romaine, ainsi que le prouvent quelques ruines intéressantes, elle possède une cathédrale avec un beau retable et ne manque pas d'un certain cachet d'originalité en général.

***

Nous allons maintenant prendre la voie du retour, si vous le voulez bien, ami lecteur, mais nous ne gagnerons pas la France avant de faire encore quelques intéressantes stations dans le nord de l'Espagne.

***

Le chemin de fer de Porto nous conduira à Barca-d'Alva, la douane portugaise, en traversant la région du Douro-Minho, célèbre par sa richesse viticole. La vigne ici, dans plus d'un endroit, court pittoresquement d'arbre en arbre, semblable à de souples lianes, et cela produit le plus charmant effet. Sous cette latitude, on trouve encore mélangés oliviers, eucalyptus et orangers. La terre est plus morcelée, paraît-il, dans la région du Minho que dans celle du Douro, où quelques grands propriétaires emploient en saison jusqu'à deux mille travailleurs. La main-d'œuvre, du reste, est très bon marché et ne revient souvent qu'à une vingtaine de sous... Et les gens n'en sont pas plus malheureux, n'ayant pas les besoins malsains de notre soi-disant civilisation progressive, qui a fait démesurément renchérir la main-d'œuvre chez nous, avec les subversives théories socialistes, si néfastes à la France!

Non loin de Porto, après la traversée d'un joli pays accidenté, la voie ferrée, non exempte de travaux d'art, suit la gorge même au fond de laquelle coule le Douro, tantôt torrent rapide emprisonné dans une ceinture de roches, tantôt calme rivière formant ce que l'on appelle des planiols en Auvergne, c'est-à-dire des sortes de bassins où les eaux paraissent se reposer avant de reprendre leur course folle. Malgré l'irrégularité de cette voie navigable, plus ou moins encombrée de rochers et de bancs de sable, aux bords parfois à pic et d'un accès difficile, il existe un certain mouvement de bateaux que remontent des bœufs au lieu et place de chevaux de halage. De distance en distance, quelque village étage ses jardins ou cultures en gradins, marches gigantesques entaillées dans le flanc des collines, semblables à des escaliers de géants. Le parcours, avec ses points de vue variés est des plus pittoresques. Il se poursuit ainsi jusqu'à la frontière, après quoi la voie ferrée grimpe sur les hauts plateaux espagnols par une série de tunnels (on n'en compte pas moins d'une vingtaine).

Nous voici à nouveau sur cette terre désolée, aux courtes broussailles, où nul village, nul être humain bien souvent, n'apparaît sur un sol inculte.

La première ville intéressante que nous rencontrerons, ce sera Salamanque, la ville aux « étudiants joyeux... eux » comme dit la populaire romance.

SALAMANQUE

et les villes du nord de l'Espagne.

Quoique d'importance secondaire, ne comptant guère qu'une vingtaine de mille habitants, la vieille Salamantica, comme auraient dit les Romains, subit des vicissitudes diverses jusqu'à l'époque où les rois d'Espagne s'intéressèrent à son sort. Fondée en 1250, son Université compta bientôt parmi les plus illustres d'Europe. Ce fut aux XVe et XVIe siè-

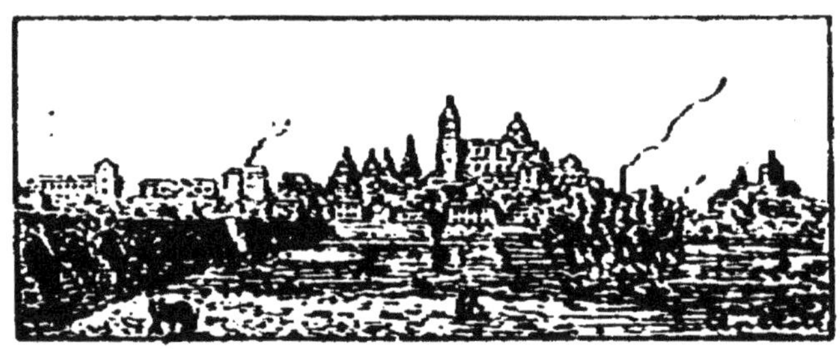

cles qu'elle atteignit son apogée; enfin, elle est encore une ville dont la visite réserve au touriste plus d'une curieuse surprise. A l'extérieur elle offre, surtout du côté de la rivière à fond plat qui la limite au sud, un aspect pittoresque original, que ne dément pas l'intérieur de la paisible cité, avec ses rues aux monuments divers d'une si chaude couleur d'un ton rouge ocré.

En première ligne viennent les édifices religieux. C'est d'abord la vieille cathédrale du (XIIe siècle) mutilée d'un bras, d'un beau roman à l'extérieur, avec des voûtes ogivales à l'intérieur. Un vieux sacristain parlant français nous a fait observer l'état de conservation des peintures d'un retable et de très anciens tombeaux en pierre sculptée, autour d'un cloître abandonné sur lequel donnent quelques chapelles, dont une où se célèbre le rite mozarabe. Sans les citer toutes, nous nous souvenons de celles de Talavera et de Santa Barbara où se trouve un superbe sarcophage en marbre blanc entouré d'une grille en fer repoussé et d'autres tombeaux de la famille d'Anaya. A côté la cathédrale neuve, de belles proportions, présente un coro avec stalles sculptées et pupitre, sans oublier un lutrin en cuivre représentant un pélican qui fait couler son sang pour nourrir ses petits. Le maître-autel est richement ornementé et la sacristie renferme des reliquaires et ornements et une croix célèbre que le Cid aurait porté sur lui au moment du combat. La cathédrale du XVIe siècle, mesurant plus de cent mètres de longueur, est flanquée d'une tour, haute également de cent mètres, point culminant de la ville.

Derrière se trouve, à quelques pas, San-Esteban avec une façade très chargée d'ornements. Le chapitre est placé au-dessus de l'entrée, comme on l'a vu ailleurs. De riches retables, à colonnes toutes dorées et enguirlandées, surmontent les autels. A côté est un cloître, assez imposant, et un soi-disant musée.

Vis-à-vis de la cathédrale est l'Université, vaste édifice que fréquentent au plus cinq cents étudiants. Elle offre sur un côté un riche portail du genre plateresque orné de médaillons et écussons. A l'intérieur, ce sont des cours, cloîtres, éclairant des salles et amphithéâtres et une bibliothèque qui renferme quelques richesses pour les bibliophiles. Sur la place triste, à l'opposé de la cathédrale, l'Institut Provincial et les Archives avec un joli patio, présentent également une façade pittoresque aux beaux tons chauds. On pourrait encore citer la Députation provinciale avec sa cour intérieure au curieux balcon, le palais de Monterey du XVIe siècle, le somptueux édifice de la Faculté de Théologie et surtout la « maison aux coquilles », ainsi dénommée pour sa singulière décoration. Son joli patio n'est pas non plus dénué d'intérêt. Tout cela se groupe aux alentours de la grande place, vaste cloître public, on pourrait dire : elle est entourée de maisons construites pareilles, à la façade couronnée par une balustrade. Au centre est un jardin assez piteux. C'est le grand centre de Salamanque.

Enfin, une des curiosités notoires de la ville est l'imposant pont romain de vingt-sept arches et long de plus de quatre cents mètres, jeté sur le Tormès. On l'attribue à Trajan ou Adrien.

AVILA

De Salamanque on peut faire une pointe au sud sur Avila, une triste mais curieuse ville forte qui a conservé intacte, à travers les siècles, son enceinte crénelée du moyen âge. Cette dernière, de l'époque mauresque, forme un hexagone régulier d'un bel aspect avec ses tours et ses portes. C'est un beau spécimen d'architecture militaire. Patrie de sainte Thérèse, elle serait, paraît-il, bien déchue de son antique splendeur.

Sa visite est, du reste, d'un intérêt plutôt médiocre, sa cathédrale San Salvador, église fortifiée, date de la première époque gothique. Elle renferme un très beau tombeau du XVe siècle, des vitraux anciens, une belle grille et un retable de 1500. Pour mémoire, notons les églises Santa Ana, Sn André, Sn Thomas (cette dernière, également gothique, renferme d'intéressants tombeaux).

ZAMORA

Au nord de Salamanque, c'est Zamora, une ville peu visitée, et à tort, car, bien qu'elle soit un peu modernisée, elle évoque de frappants souvenirs des siècles passés, avec ses ruelles ou rues où sont groupés certains corps d'état, comme cela existe encore chez les peuples orientaux. On trouve de la sorte une voie curieuse occupée par les cordonniers, qui semblent constituer une véri-

table industrie locale. D'origine fort ancienne, la ville, au nom bien connu, sous les murs de laquelle se sont passés tant de drames célèbres, n'offre en réalité qu'un intérêt secondaire au point de vue des monuments, dont le plus important est la cathédrale romane du XIIe siècle. A l'intérieur on y voit retable, grilles, boiserie et un joli lutrin, non sans intérêt, ainsi qu'un tombeau richement orné. Zamora, qui est dominé par son château, comporte encore une vieille enceinte fortifiée percée de portes peu imposantes. Enfin, un pont avec tours, placées en tête, réunit par sa suite d'arcades la ville à l'autre rive du Douro, une de ces rivières capricieuses au lit de torrent.

LÉON

Plus au nord encore c'est Léon, dont la belle cathédrale ogivale est justement réputée; elle serait la plus élégante des cathédrales espagnoles, et, de fait, elle se présente bien avec ses deux flèches, et l'intérieur répond à l'extérieur; tout est svelte et élancé et largement éclairé par de magnifiques vitraux. Elle renferme un coro avec de belles stalles et des tombeaux anciens. Enfin, un beau cloître régulier l'accompagne. Non loin, St-Isidore, église datant du XIe siècle, pourrait être appelée le Saint-Denis espagnol à cause des nombreuses sépultures de souverains qu'elle renferme. A côté, on peut visiter un cloître et une bibliothèque. Le monastère de San Marcos est un des édifices principaux de la ville, ainsi que des palais, comme l'Hôtel de Ville et celui dit « Casa de los Guzmanes », demeure actuelle du Gouverneur.

Jadis chef-lieu d'une légion romaine, Léon connut toutes les horreurs du pillage à l'époque mauresque, et fut capitale du royaume de son nom jusqu'à son annexion à l'Espagne. On dit beaucoup de bien de ses habitants, surtout agriculteurs.

Si on descend du plateau espagnol, dont l'altitude moyenne est encore six cents et mille mètres, on peut faire une pointe à l'extrémité ouest de la péninsule ou au nord directement. Dans le premier cas, le terminus des chemins de fer espagnols est Vigo, petit port situé au fond d'une magnifique rade, dans un joli site; mais c'est une ville purement moderne.

Plus haut, au-dessus du cap Finisterre, c'est la Corogne, port d'une certaine importance (40.000 habitants), bien placé et fortifié, dont la fondation serait attribuée aux Phéniciens. Sur la même baie est le port militaire du Ferrol, et sur cette route d'extrême-Espagne une petite ville, Lugo, paraît être un monument archéologique romain hors de pair.

Enfin, c'est dans ce coin que se trouve Santiago-de-Compostelle, ancienne capitale de la Galicie, célèbre par le fameux pèlerinage de Saint-Jacques. Sa cathédrale (du XIIe siècle) est, paraît-il, un des plus beaux temples religieux d'Espagne... Mais nous espérons bien avoir l'occasion de visiter cette pittoresque région et nous en reparlerons quelque jour.

Dans la direction du nord, un embranchement relie Léon à Oviedo et Gijon, deux villes importantes qui, quoique d'un intérêt secondaire, peuvent encore attirer le touriste flâneur que rien ne rappelle chez lui.

VALLADOLID

Revenons en arrière... Sur notre route, c'est Valladolid, ville industrielle aujourd'hui, qui fut longtemps la capitale de l'Espagne. Elle reçut le dernier soupir de Christophe Colomb en 1506. D'aspect moderne, elle ne retiendra pas longtemps l'amateur de pittoresque. Elle possède, entre autres édifices, une cathédrale, une autre vieille église (Santa Maria la Antigua), l'ancien collège de Santa-Cruz où est le Musée, le collège de San-Gregorio avec une cour intéressante, l'église San-Pablo et le Palais-Royal, siège d'une université et d'une école militaire, c'est-à-dire que Valladolid justifie ses soixante mille habitants, pour la distraction desquels la municipalité entretient de jolies promenades et une arène pour les courses de taureaux.

BURGOS

Plus intéressante est le chef-lieu de la Vieille-Castille, patrie du Cid, dont l'origine remonterait au IXe siècle. Quoique modernisée à l'aspect extérieur, avec des quais et des maisons dont certaines toutes récentes, elle offre encore plus d'un monument intéressant. Nous passerons sans nous arrêter devant la promenade banale qui s'étend le long de l'Arlanzon, torrent où les blanchisseuses viennent laver leur linge à côté de vaches paissant tranquillement, pour nous arrêter devant la porte originale, flanquée de tourelles, datant de l'époque de Charles-Quint, et dite : l'arco de Santa-Maria. Après avoir servi longtemps d'hôtel de ville, ce monument est affecté à un musée non sans intérêt. On peut y signaler de très beaux tombeaux trouvés dans les environs et une curieuse partie d'autel émaillée. A la suite, la plaza Mayor, irrégulière, avec ses arcades, ne manque pas de cachet, surtout lorsque se tient le marché. A l'Hôtel de Ville, qui donne dessus, on conserve les restes du Cid et de Chimène. Tout proche un antique manoir, à cause de sa singulière décoration d'un bandeau imitant une corde formant motif sur la façade au-dessus de la porte, a été dénommée « casa del Cordon ». Il renferme une cour ou patio à double ou triple rang d'arcades.

Mais l'intérêt principal de Burgos se porte sur la cathédrale aux flèches élancées, ajourées en dentelle; datant du XIIIe siècle, elle est d'un beau style, mais peut-être, à notre avis, un peu trop surchargée d'ornements dans lesquels se perdent les grandes lignes. La façade a un grand air de noblesse gâtée ailleurs par trop d'exubérance et de richesse d'accessoires. Les deux clochers, hauts de plus de quatre-vingts mètres, sont du XVe siècle. Ils sont d'une belle et fière allure. Si l'on pénètre sous le porche, on voit de suite que la même magnificence se retrouve à l'intérieur; quant aux richesses enfermées là.., l'énumération seule suffira. Ce sont les stalles du chœur, la grille, les chapelles avec retables et tombeaux, dont certains recouverts de velours. Dans la sacristie, ou plutôt les sacristies, on vous montre le coffret du Cid et des ornements et objets du culte, ainsi qu'une Madeleine attribuée à Léonard de Vinci. Un élégant cloître gothique s'appuie à la cathédrale. On y a réuni des tombeaux, dont un d'un superbe travail. Le palais épiscopal est élégamment accolé au religieux édifice.

Notons, pour mémoire, les vieilles églises San Gil, San Esteban, San Lorenzo, l'ancien Palais de Justice, la Députation provinciale, ainsi que plusieurs grands couvents et établissements hospitaliers. Dans le faubourg de la Véga, deux antiques demeures, la casa Miranda, avec sa cour à belles colonnes, et la casa Angulo, avec ses tourelles, méritent une mention particulière. On trouve également en ville quelques maisons curieuses dans le détail desquelles nous ne saurions entrer. Enfin, à côté du cimetière que domine la citadelle, on a érigé un monument au Cid, ou plutôt sur l'emplacement de sa demeure. Auprès, de vieux remparts descendent vers la rivière; c'est là une promenade où les rentiers de Burgos viennent se chauffer au soleil l'hiver, car le climat des plateaux du nord-Espagne est rude une partie de l'année.

Aux portes de la ville est un couvent célèbre, « las Huelgas », avec un joli cloître roman de modeste importance. Une belle plantation de vieux saules le sépare de l'hôpital del Rey, où nous avons trouvé d'intéressants motifs d'architecture et une gracieuse cour intérieure. Quant à la Cartuja de Miraflores, datant du XVe siècle, elle est justement réputée par les stalles richement sculptées du chapitre, le maître-autel et surtout un certain mausolée en marbre blanc d'une rare beauté. Un peu plus loin, dans un vallon à l'écart, un couvent ruiné servit de retraite au ménage du Cid Campadore qui y fut inhumé.

***

Plus au nord, sur la baie de Biscaye, ce sont les ports de Santander, Bilbao, Saint-Sébastien.

SANTANDER

Port d'une certaine importance, bien abrité dans une baie sûre, Santander compte près de cinquante mille âmes, mais n'offre, en réalité, qu'un médiocre intérêt au touriste. Elle se divise en ville haute et ville basse; c'est dans cette dernière que se trouvent les vastes quais suivis d'un quartier neuf qui s'élève aux alentours de la gare. Une belle promenade se poursuit au-dessus de la ville; enfin le climat, des plus tempérés, y attire du monde, l'été surtout, à l'époque des bains de mer.

BILBAO

Plus important est le centre minier, des plus riches, de Bilbao, situé dans une jolie et pittoresque contrée. La ville est dans une situation exceptionnelle, quoiqu'un peu resserrée peut-être sur la tortueuse rivière du Nervion, encadrée par de vertes collines. Capitale de la Biscaye et peuplée de plus de soixante-dix mille habitants, elle a vu sa prospérité s'accroître grâce au voisinage des exploitations créées dans un sol d'une richesse naturelle inouïe, par des compagnies espagnoles, anglaises, belges et françaises. On peut dire du pays, fouillé en tous sens, qu'il figure une véritable ruche. Nous connaissons peu de villes présentant pareille activité métallurgique. C'est surtout en se rendant à Portugalete, à l'estuaire du Nervion, encadré par deux plages fréquentées et desservies par des chemins de fer, tramways et bateaux à vapeur, qu'on peut se faire une idée de cette intensité de vie moderne, à l'aspect quelque peu infernal. Des deux côtés de la rivière, sur laquelle s'égrènent des files de navires de tous tonnages et de toutes nationalités, ce ne sont que faubourgs populeux et usines, hauts fourneaux aux masses imposantes peu artistiques, desquels émergent des cheminées vomissant la fumée ou laissant échapper des flammes qui, le soir, jettent des lueurs fantastiques. On se croirait volontiers dans quelque antichambre de l'Enfer...

La ville en elle-même a un aspect plutôt agréable, grâce surtout à la promenade « Paseo del Arenal » qui s'étend devant le théâtre et où se porte la jeunesse, surtout à l'heure de la musique. En temps ordinaire, le couvert des maronniers, qui nous rappelle notre pays, sert d'abri à la toute jeunesse, heureuse d'y prendre ses ébats sous l'œil plus ou moins vigilant des bobonnes et nourrices au petit bonnet blanc, duquel s'échappent de longues nattes de cheveux. Nous avons retrouvé sur la place les terrasses de café si chères aux Français et dont on ne saurait nier l'agrément et l'aspect de gaieté.

Les rues, étroites, semblent partir de la belle place à arcades, à l'aspect sévère, sur laquelle se dresse la Députation provinciale. L'Hôtel de Ville, construction moderne, s'élève dégagé à la sortie de la ville. Les quartiers neufs s'étendent enfin plus à l'aise sur l'autre rive du fleuve, au delà de la gare principale.

Bilbao possède aussi institut, musée, bibliothèque, écoles, sans parler de quelques églises dans l'une desquelles nous avons remarqué à l'entrée une série de troncs sollicitant les aumônes pour les intentions les plus diverses.

Tout ce pays basque que nous traversons est joli et accidenté, et la ligne de Bilbao à Saint-Sébastien, avec ses embranchements, est particulièrement intéressante. Le matériel, soit dit en passant, nous en a paru soigné. On suit la gracieuse vallée du rio Durango qui fait tourner quelques petits moulins. Le parcours présente quelques travaux d'art et offre des courbes très fermées ainsi que des pentes peu usitées. Dans la campagne, on aperçoit ces chariots à roues massives, frères de ceux usités dans nos pays basques. Cette région peuplée est également industrielle, ainsi qu'on peut le voir par un certain nombre d'usines. Aux stations, on sera surpris de la présence de soldats à bérets rouges; ce sont des sortes de gendarmes locaux.

Mais, avant d'atteindre le littoral, jetons un coup d'œil en arrière sur la ligne de Madrid ; elle présente un passage des plus pittoresques, le défilé de Pancorbo, dominé de droite et de gauche par d'imposantes masses de rochers aux formes déchiquetées et dont la position stratégique avait une grande importance, à en juger par les ruines des châteaux forts qui semblent se confondre avec le rocher.

SAINT-SÉBASTIEN

Cette petite ville, peu intéressante comme couleur locale, présente un charme particulier au touriste avec ses belles et larges rues tirées au cordeau, entre une rivière d'importance moyenne et la jolie baie sur laquelle s'élèvent les villas et chalets de l'aristocratie espagnole qui vient, chaque été, entourer la famille royale dont Saint-Sébastien est un des séjours préférés. Cette baie, dominée par une verdoyante colline portant le fort et les batteries de défense, a l'aspect d'un lac, étant fermée par l'ilot de Santa-Clara. Saint-Sébastien possède un casino, une plaza de toros, un vélodrome, un jeu de paume, tout ce qui constitue les distractions des ville d'eaux. On y trouve des hôtels de diverses classes, dont les prix renchérissent au moment de la pleine saison. Au pied du mont Argullo se groupe le vieux quartier, avec l'Hôtel de Ville et deux ou trois églises ou couvents. Quant au port minuscule, propre à abriter des chaloupes de pêche, bien qu'un bassin s'intitule port marchand, il ne peut qu'être cité pour mémoire.

***

La belle baie de Passages, située à quelques kilomètres, offre un merveilleux port naturel défendu par de vertes collines de la mer, à laquelle il communique par un étroit et pittoresque goulet. Ce beau bassin mesure plus de deux kilomètres et

demi de longueur sur une largeur, malheureusement un peu étroite, de trois à quatre cents mètres. Il nous a rappelé quelque lac italien, avec ses maisons blanches se reflétant dans le miroir de ses eaux calmes et paisibles.

La frontière est proche... Sur la droite ce sont les contreforts pyrénéens qui s'abaissent jusqu'à la mer que nous apercevons au loin en franchissant la Bidassoa, cette célèbre rivière, dont le large estuaire est tout obstrué de bancs de sable. La dominant, la petite cité de Fontarabie, jadis im-

portante forteresse, se groupe pittoresquement autour du vieux castel en ruines dont l'origine remonterait à dix siècles en arrière. A ses pieds, un modeste bateau porte les couleurs espagnoles, tandis que le « stationnaire français », si l'on peut donner ce titre à une vieille coque, bien suffisante du reste, est mouillé plus haut dans la rivière.

Saluons les douaniers et les gendarmes français à Hendaye, et séparons-nous, chère lectrice ou lecteur, en nous disant, si vous le voulez bien... au revoir.

Eugène GALLOIS.

TABLE DES MATIÈRES

PARIS. — IMPRIMERIE CHAIX. — 13866-7-99. — (Encre Lorilleux).

www.ingramcontent.com/pod-product-compliance
Ingram Content Group UK Ltd.
Pitfield, Milton Keynes, MK11 3LW, UK
UKHW022103190726
13855UKWH00002B/617